エピゲノムと生命

DNAだけでない「遺伝」のしくみ

太田邦史　著

ブルーバックス

カバー装幀／芦澤泰偉・児崎雅淑
カバーイラスト／石井みき
目次・図版／さくら工芸社

まえがき

「桜の唐の綺《き》の御直衣《のうし》、葡萄染《えびぞめ》の下襲《したがさね》、裾いと長く引きて、皆人はうへの衣なるに、あざれたる大君《おおきみ》姿のなまめきたるにて、いつかれ入り給へる御さま、げにいと異なり。花の匂ひもけおされて、なかなかことざましになむ」（『源氏物語』・花宴巻）

源氏物語には、随所に当時の宮廷衣装の記述が出てきますが、その場の雰囲気を臨場感良く伝える道具として利用されています。光源氏の服装は、文脈上重要な意味を持ちます。[1・2] 冒頭の引用箇所では、青年期の光源氏が右大臣家で開催された「藤の花宴」に遅れて到着した際の、光源氏の服装のようすが描かれています。

光源氏は桐壺帝《きりつぼのみかど》と桐壺更衣《きりつぼのこうい》の第二皇子（大君）で、天皇にはなれません。しかし、持って生まれた高貴さと美しさで、多くの女性を引きつけます。なお、右大臣家は、光源氏を嫌っている桐壺帝の現在の妃「弘徽殿《こきでん》の女御《にょうご》」が出た家柄で、光源氏にとっては政敵です。政敵の家で開かれたパーティーに、遅れて光源氏が到着したという場面です。

政治的実権を握る人物の家で行われたパーティーですので、多くの参加者は「うへの衣」、つまり位袍（黒などの単色の服）という正装をしています。もちろん、皆時間通り到着しています。一方、光源氏は、「唐の綺《き》の御直衣《のうし》」という舶来の貴重な絹織物の略装で、遅刻してきたのです。加えて、表地が薄地の白で、裏地の赤が薄ピンクに透けて見えるという、他の「黒一色の礼服」と明らかに異なる優美な装いです。

政敵の宴席に、目立つ格好で意図的に遅れて入場するというのは、大君としてのプライドと、「右大臣家に迎合しない」という光源氏の意思を表現しているわけです。現代の我々にはわかりにくいですが、当時の人々がこれを読むと、実にハラハラする場面なのでしょう。細かい服装の様子で複雑な人間関係を表現するなど、一〇〇〇年も前の小説としては、高度な技法を駆使していると思いませんか。

中身は同じでも、着ているもので新しい意味が生じる

「花宴巻」のように、「何を着ているか」「どういう特徴の服装か」によって、その人の状況や境遇がある程度判別できるものです。たとえば、お葬式には黒のネクタイや喪服を着ていくことが常識ですし、逆に結婚式で喪服を着ていけば常識が疑われます。高級なレストランや、パーティーによっては「ドレスコード」というものがあり、しかるべき服装をすることが求められます。

ドレスコードだけでなく、普段その人が何を着ているかで、趣味や考え方がある程度推測できます。背広を着ていればサラリーマンやお堅い職業の人、カジュアルな格好なら学生や自由なス

タイルの職業の人など、服装がもたらす印象というのはときに重要なはたらきをするものです。

DNAも服を着ている?!

服装の話が、遺伝子やDNAとどう関係するのかと思われる方もいるでしょう。実は我々の体の設計図であるDNAは「裸」ではありません。「ヒストン」という円盤状のタンパク質がDNAに数珠状に結合し、これが階層的に集合して、「クロマチン構造」や「染色体構造」と呼ばれる「服」を着たような状態になっています。

そして、その着ている服の状態（どのような飾りがついているか、薄着か厚着かなど）が、所々で異なっています。Tシャツを着ているように比較的薄着の場所では遺伝子のスイッチがオンになり、喪服やコートなどの厚着をしている場所ではオフになっているのです。つまり、DNAの着ている「服」が、ドレスコードのように、一つの意味を持つ「コード（暗号）」を表現しているのです。

このようないろいろな「服を着た」DNAを持つことにより、裸のDNAしか持たない場合に比べて、我々は非常に複雑な生命のはたらきを行うことができるようになりました。これはDNAという情報の上位の階層に、もう一つの情報を書き込むしくみができた、ということです。

このしくみの優れているところは、服装を変えれば印象が変わるように、同じDNAでもいろいろな使い方ができることです。そしてその使い方がずっと記憶される点です。つまり、「DNAだけによらない遺伝のしくみ」ができたことになります。

このような「DNAだけによらない遺伝のしくみ」を取り扱う分野のことを「エピジェネティクス」と言います。本書では、この「エピジェネティクスの世界」を紹介したいと思います。

本書では、専門的な話ばかりで飽きてしまわないように、エピソードや道草のようなことを書くようにしました。授業でも同じような雑談をするのですが、学生のコメントなどを見ると、雑談だけ覚えている人もいるようです。もちろん本書でも、そんな読み方をしていただいて構いません。

目次

第8章　環境とエピジェネティクス　211

第9章　世代を超えたエピゲノムの継承　243

プロローグ

『ふたりのロッテ』

ドイツの文学者であるエーリッヒ・ケストナーが著した『ふたりのロッテ』という小説があります。ふたりのロッテというのは、両親の離婚によってオーストリアとドイツという遠く離れた土地で育てられた双子（一卵性双生児）の女の子、ロッテ・ケルナーとルイーゼ・パルフィーを主人公とした話です。

両親は離婚する際に、一人ずつ子供を引き取りますが、子供には双子の姉妹がいることは内緒にして育てていました。二人はその後サマーキャンプで偶然に出会い、そしてお互いが瓜二つであり、生年月日が同じことから、双子であることを悟ります。その後、二人はお互いに入れ替わって父母の元に戻り、家族が再び一つになれるようにさまざまな工作をします。

この話の（生物学的にですが）興味深いところの一つは、顔かたちが瓜二つの双子が、異なる環境で父と母に育てられたため、全く異なるキャラクターを持つようになったという点です。

同じようなストーリーが、ＮＨＫの朝の連続テレビ小説『ふたりっ子』（一九九六年）でも取り上げられました。このドラマは、大阪の下町、天下茶屋を舞台に繰り広げられます。双子の姉妹、野田香子と麗子は、性格が対照的で、香子はやんちゃでおてんば、麗子は勉強家で真面目そのものという設定です。香子はやがて将棋のプロ棋士となり、麗子は京都大学に入学し実業家を目指しますが、最後は理髪店のおかみさんとして活躍します。

二人の子供時代は、一卵性双生児の子役の三倉茉奈・佳奈が演じていました。もっとも、二人が成長すると、それぞれ岩崎ひろみと菊池麻衣子という、顔も雰囲気も違う二人の女優さんが演じています。ドラマの設定では、一卵性双生児にしては香子・麗子の子供時代の性格が違いすぎ、二卵性双生児なのではないかと思えるほどでした。

『ふたりっ子』は相当に性格が違っていましたが、一般に、一卵性双生児は、顔は瓜二つで、性格などもよく似ていると信じられています。二人とも基本的に全く同じＤＮＡを持っているので、環境が人間に与える影響を研究するのに非常に適しています。たとえば、東京・中野にある東京大学教育学部附属の中等教育学校では、昔から一卵性の双子を入学させて教育学の研究を行っています。

片方だけ病気の双子

海外でも双子の研究は盛んで、環境による影響に加え、種々の疾患の原因遺伝子を突き止める研究も行われています。米国では一九八〇年代に一万七〇〇〇組以上もの双子が参加して、環境要素がどのように疾患の発症と関連するか、大規模な研究が行われました。その結果、一卵性双生児の姉妹のうち、早く性成熟を迎えた方が五倍も乳ガンになりやすいなどの結果が得られています。[3]

これらの双子の研究で特に興味深いのが、ロッテとルイーゼのように、異なる環境で育てられた双子に、どのような差が出てくるかという点です。生まれた時には全く同じゲノムDNAを持つ一卵性双生児であっても、ロッテとルイーゼのように異なる環境で育った双子は、それぞれ異なる環境に影響されて、違う表現型を示すことがあります。このとき、一部のDNAでは部分的な配列の変化が起こることもあるでしょう。実際、片方のみがパーキンソン病などの症状を示す一九組の一卵性双生児に関する研究では、そのうちの何組かで特定の遺伝子のDNA配列に変化があることが報告されました。しかしながら、双子間のDNAの配列の経時的変化は、無視できるほど小さなものだったのです。

双子の疾患とエピジェネティクス

DNA配列の変化以上に、育った環境が異なる双子に違いを生む大きな原因こそ、本書のテーマであるDNA配列だけによらない遺伝のしくみ、「エピジェネティクス（Epigenetics）」の違いなのです。たとえば、長期間違う環境で育って成人となった一卵性双生児（五〇歳）と、幼児の一卵性双生児（三歳）のDNAメチル化（DNAの一部にメチル基が付く反応で、エピジェネティクスに関与）を調べると、前者にのみ双子間の顕著な差異が認められます。[4] つまり、異なる環境で育つ期間が長いほど、年を経るごとにＤＮＡメチル化の数や位置の差が拡大していくのです。こうした観察から、双子間のエピジェネティクスの違いに起因すると考えられる疾患についても、相次いで報告がなされています。

図Ａを見てください。[5] 身長については、一卵性双生児間で九〇パーセント近い相関があります。しかし、自閉症や躁鬱病（双極性障害）、統合失調症、多発性硬化症のように、双子のうち片方だけが発症するケースがある疾患も知られています。もしこれらの病気が「ＤＮＡの配列だけ」で支配されているなら、双子の双方が一〇〇パーセント近い確率で発症するはずです。ところが、統合失調症の場合は五〇パーセントは片方しか発症しません。これは、統合失調症の五〇パーセントが、遺伝的要素によって左右されている一方で、残りの過半は環境的要素、おそらくエピジェネティクスに関係した要素によって影響を受けることを意味しています。そこで、片方が発症し、もう片方は発症していない双子のエピジェネティクスを解析することで、疾患の原因遺伝子などを突き止めることが可能になると考えられています。

たとえば、片方が「乾癬」（皮膚がかたくなる病気）の症状を示し、もう片方が示さない一卵性双生児のペアについて、遺伝子発現パターンとＤＮＡメチル化パターンを比較する研究が最近ノルウェーで行われました。その結果、乾癬の発症に関わると考えられる遺伝子の一つとして、

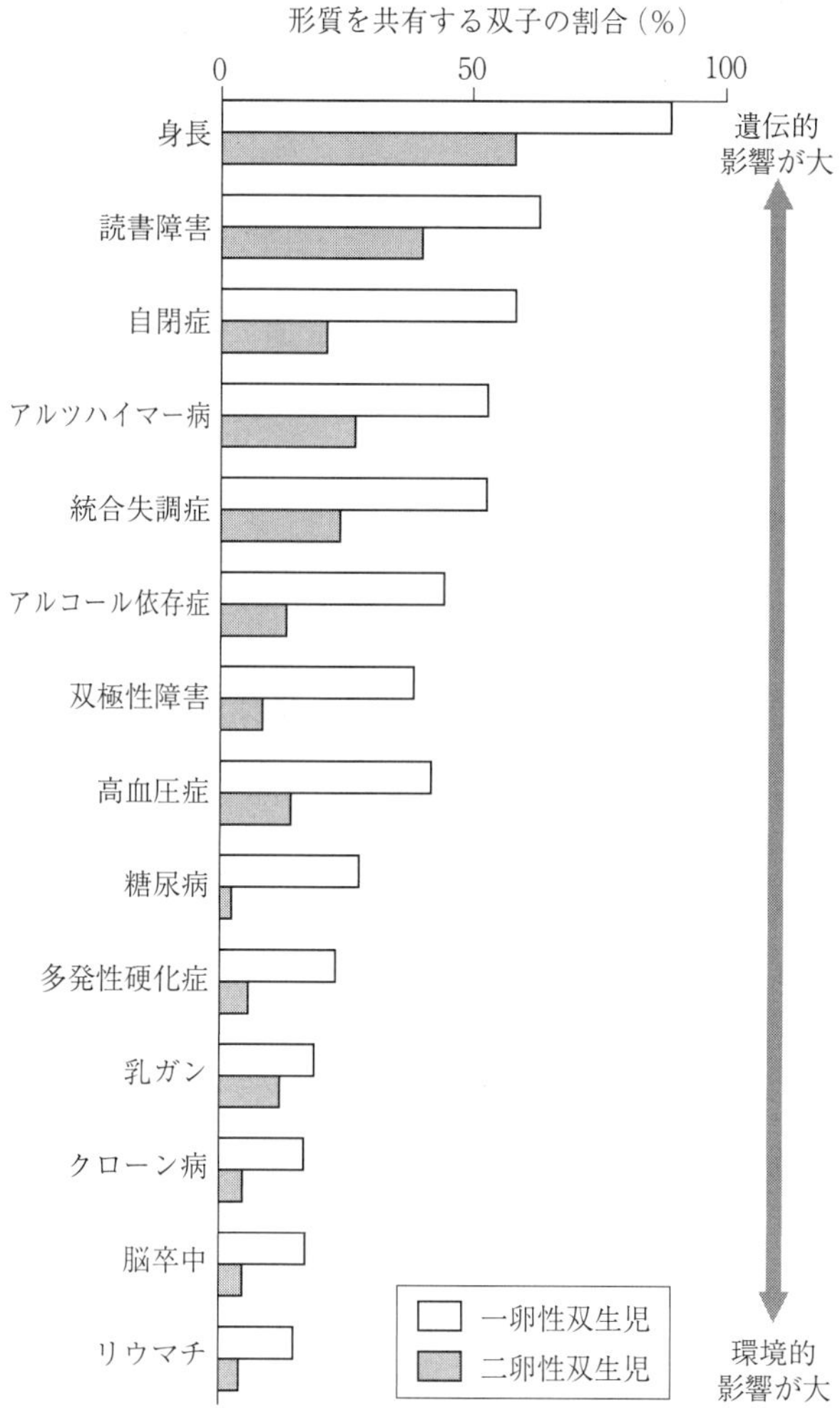

図A　身長といろいろな病気の遺伝的・環境的影響

ある種のサイトカイン（免疫細胞から分泌されるタンパク質で、細胞に炎症等の応答を引き起こしたりする）の遺伝子が同定されています。[6] このように、双子の疾患とエピジェネティクス解析により、新たな疾患原因遺伝子が同定されることが今後も期待されます。

疾患の原因がわかる可能性があるなど、エピジェネティクスの研究は将来非常に大きなインパクトをもたらすと考えられます。そのためエピジェネティクスの研究は、この一〇年ほどで非常に活発になってきました。

「エピジェネティクス」の語源

今回取り上げるテーマは、「ＤＮＡだけでは決まらない新しい遺伝学」である「エピジェネティクス」です。ひと言で言うと「ＤＮＡの情報（塩基配列）は変わらないのに、細胞の性質が変化し、記憶・継承される」という概念です。

最近ではよく聞くようになった「エピジェネティクス」という言葉は、個体発生に関する二つの説、すなわち「前成説（preformation theory）」と「後成説（epigenesis）」のうち、後成説のepigenesis（エピジェネシス）を起源としています。前成説とは、精子の中にすでに小人のような「人間の素（ホムンクルス）」が入っており、それが成長して人間の体ができてくるという考え方です（図Ｂ）。

「エピ（epi）」という接頭語は「上の」とか「外の」という意味を持ちます。ですから、後成説では、受精後、無形の状態から体の形が作られていく、と考えます。後成説の概念は古く、アリストテレスによって提唱されました。現在の発生生物学の基本的な考え方はこの「後成説」です。

エピジェネティクスという言葉自体は、後成説の立場を取る発生生物学者のコンラッド・ワディントンが作った造語です。一九六八年、彼はエピジェネティクスという言葉を作った経緯についてこう述べました。

「遺伝子とそれがもたらす形質との関係を研究する分野を、アリストテレスの提唱したエピジェ

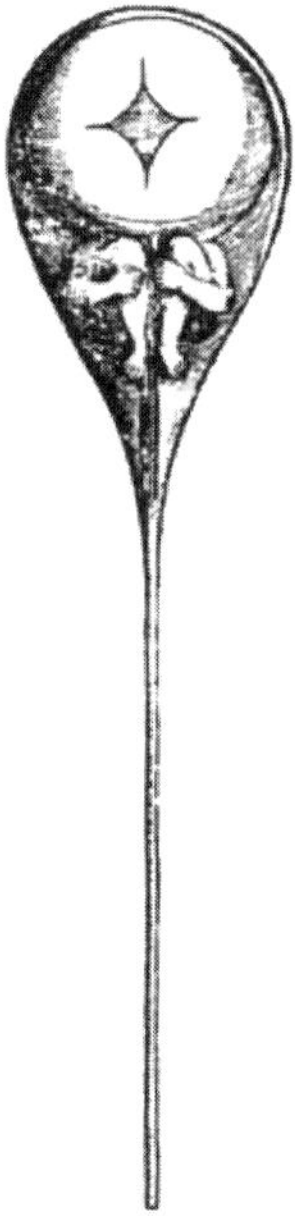

図B　前成説では精子の中に人間の素（ホムンクルス）が入っていると信じられていた

ネシスにちなんでエピジェネティクスと呼ぶことにした」

人体のすべての細胞は基本的には同じDNAを持つ

今では生物学者の常識になっていることですが、私たちの体は六〇兆個もの細胞という微小な袋が集まってできていて、その一つ一つに体全体のしくみを記述したDNA（ゲノムDNAといいます）が入っています。基本的にこのDNAに記された情報（遺伝子など）が用いられて、あらゆる生物現象が動いているのです。そのため、DNAが「生命の設計図」と喩《たと》えられるのです。

六〇兆個もある我々の体の細胞は、もとはたった一つの受精卵です。この受精卵が細胞分裂を繰り返し、一人の人間の体が出来上がっていきます。細胞分裂の際に、もとの細胞のDNAは二倍にコピーされ、分裂した二つの細胞（娘細胞といいます）は、基本的に同じ情報を持つDNAを持つことになります。細胞分裂が何度も起こる間に、細胞の性質が少しずつ変化し、一部の細胞集団は心臓や眼などの組織に変化していきます。一人の人間が出来上がるためには、最終的にはそれぞれの器官で、異なる機能を持つ二〇〇種類以上の細胞に分化していきます。通常の生活の中でこのことは当たり前のように思われていますが、実はこれは非常に不思議な話なのです。

これら一つ一つの細胞には、基本的に一個の受精卵と全く同じDNAが入っています。つまり、体中の細胞はそれぞれ、一人の体全体を作るのに必要なDNAをすべて持っているのです。しかし分化した個々の細胞の中で、使われている遺伝子はごく一部です。たとえば、筋肉の細胞では全遺伝子の二〇パーセントしか使われておらず、あとは眠っている状態です。脳の細胞でも、心臓の細胞でも、状況は同じです。ごく一部の遺伝子しか使われないので、それぞれ細胞の個性が出てくるというわけです。

遺伝子の使い方を記憶する細胞

これらの細胞の性質は、細胞分裂で新しい細胞ができると消去されてしまうのでしょうか。私たちの体では、そうなっていません。ほとんどの場合、細胞の性質は、分裂しても維持されます。たとえば、心臓から細胞を分離してシャーレの中で培養すると、細胞単位で自ら拍動を始めます。肝臓の細胞もちゃんと肝臓の性質を残した状態で培養することができます。細胞が分裂した後でも、心臓なら心臓、肝臓なら肝臓の細胞に必要な遺伝子グループの使い方が安定的に固定されるしくみがあるのです。

では、どのようにして遺伝子の使い方が固定されるのでしょうか。これらの細胞では、ある時点でDNAや遺伝子が入れ替わり、それが固定されるのでしょうか。先に述べたとおり、体の細胞のDNA自体は受精卵と同じ配列を持つDNAなのです。細胞は基本的に（例外はありますが）すべて同一のゲノムＤＮＡを持っています。同じＤＮＡを持っているのに、なぜ細胞によって遺伝子の使われ方が異なるのでしょうか。実はＤＮＡの配列だけでは理解できない、通常の遺伝のしくみとは異なる細胞記憶の機構があるのです。

生物学の世界では、このようなＤＮＡや遺伝子の変化だけでは説明できない、細胞の不思議な振る舞いについて考える必要が出てきました。そして一九六〇年代になると、「ＤＮＡや遺伝子の変化」を扱う「遺伝学、ジェネティクス（Genetics）」に対して、それだけで説明できない細胞の記憶を扱う学問に対して、「エピジェネティクス」という言葉が使われるようになりました。元来は発生学の用語であった「エピジェネティクス」が、遺伝学と並ぶような新しい概念に変化し、今ではこの新しい考え方の方が主流になっています。

「生まれ」か「育ち」かの議論

ＤＮＡが生命のかなりの部分を決定している、という「生まれ」の呪縛にとらわれている人は多いと思います。「両親の血筋を考えると自分の将来性はとうてい期待できない」などと、悲観する人がよくいます。生物学でも「生まれ」と「育ち」のどちらが重要かという議論がよく行われてきました。たしかに、一卵性双生児は全く同一のＤＮＡを持っているため、見た目は瓜二つです。しかし、たとえ一卵性双生児でも、どちらかが遺伝的な背景があると思われる病気にかかってもう片方は発病しないというケースが報告されています。

実際には、生物のいろいろな性質（「表現型」といいます）は、DNAだけで決まっているのではなく、環境と生物との相互作用の中で決定され、それが細胞分裂や世代を超えて維持されるのです。「生まれ」という基盤が、「育ち」によって影響を受けながら、やがて固定的な表現型を生み出すと考えるのが、現在の生物学の常識となっています。エピジェネティクスは、そのような環境要因がDNAの使われ方にどう影響するか、ということを扱う学問なのです。

DNAだけではない体毛色の遺伝

「アグーチ・バイアブル・イエロー」という、黄色い毛色のマウス系統があります。このマウスの体毛色は、同じDNAを持っていても、個体によって微妙に異なっており、黒っぽい個体（野生マウスと同じ色）や黄色い個体などさまざまです。興味深いことに、黒っぽい体毛色の母マウスからは、やはり黒っぽい子マウスが生まれる傾向が強いようです。また、後ほど詳しく述べますが、同じアグーチ・バイアブル・イエローでも、胎児のときの母マウスの餌の種類によって体毛色が黄色くなったり、黒くなったりします。これなど、環境要因によって柔軟に変化するエピジェネティクスのよい例と言えます。

雑種の性質の違い

ロバとウマを掛け合わせてできる雑種には、ラバ（mule）とケッテイ（hinny）という二種類があります。ラバは雄ロバと雌ウマの雑種で、ケッテイは雄ウマと雌ロバの雑種です。ラバは、顔はどちらかというとロバのようですが、体がウマのように大きく、俊敏で体力があり、性格はロバのように頭がよく、労役に適した家畜として利用されています。ケッテイは反対に体が小ぶりで動きが緩慢で、またロバのように賢くなく、労役には適さないようです。ラバもケッテイも、ゲノムＤＮＡの組成はロバとウマが半分ずつという意味では、全く同じです。それなのに見た目から行動まで違っています。これも後で詳しく述べますが、「ゲノム刷り込み」というエピジェネティクスの現象によるものなのです。

三毛猫の模様

街で見かける「三毛猫」の模様は、ＤＮＡによる遺伝ではなく、実は偶然の所産です。これもエピジェネティクスで決まっています。ですから、一卵性双生児であっても三毛猫の三毛のパターンは全く異なります。この理由は後ほど詳しく説明しますが、性染色体である「Ｘ染色体の不活化」というエピジェネティクスの現象に原因があります。

以前、クローン技術を使って猫のクローンを作る米国のベンチャー企業がありました。欧米では（日本でも最近そのようですが）ペットのためにはお金に糸目をつけない人がいます。愛する飼い猫が死んでしまって悲しみに暮れているお金持ちに、五万〜一〇万ドル（当時四〇〇万〜八〇〇万円）でクローン猫を作って蘇《よみがえ》らせましょうというビジネスでした。

この会社はそれからしばらくしてその事業を廃業してしまいました。事業をやめてしまった一つの理由に、市場が少ないことと、最初に蘇らせたクローン猫（「カーボンコピー」あるいは「コピーキャット」の略であるccという名前がつけられました）が三毛猫で、その模様がオリジナルの猫とは似ても似つかなかったからです。高いお金を払って作ったクローン猫ですが、元の猫と見た目が違えばＤＮＡが同じといっても飼い主は納得しません。このように、ＤＮＡが全く同じでも外見が全く同じ猫をクローン技術で作るのは、簡単なことではないのです。

ｉＰＳ細胞とエピジェネティクス

今盛んに研究が行われている「幹細胞」や「ｉＰＳ（induced pluripotent stem）・ＥＳ（embryonic stem）細胞」などは、いろいろな組織に化ける（分化する）能力（分化多能性）を持っています。この分化多能性の維持や、細胞の分化も、エピジェネティクスの制御が、大変重要な役割を果たすことがわかってきています。さらに、がんや遺伝病、メタボリック症候群や神経疾患の発症にもエピジェネティクスが関与しているようなのです。そのため、エピジェネティクスに関わるタンパク質や遺伝子などを調節・制御する新しい医薬品の開発が盛んに行われるようになりました。たとえば米国の国立衛生研究所（ＮＩＨ）では、長期的な研究ロードマップを作成し、二〇〇八年からエピジェネティクスを最重要研究分野の一つに指定して、五年間で一五〇億円の研究費を投入しています。

本書の概要

以上の通り、エピジェネティクスは、私たちの体や日常生活と密接な関連があることが次第に明らかになってきています。特に、遺伝子と環境の相互作用を考えるとき、エピジェネティクスの考え方は非常に重要になります。エピジェネティクスは、環境にしなやかに対応する生物の特徴を説明する重要な研究分野になっています。エピジェネティクスの秘密を知ることで、世の中のいろいろな新しい側面が見えてくるのです。

第1章〜第4章では、本書の理解に必要な遺伝学の基礎からエピジェネティクスに深くかかわるクロマチン構造について述べます。第5章〜第6章では、エピジェネティクスの分子的な基盤について説明します。

第7章では、エピゲノムの変化による高次の生命機能制御、ゲノム刷り込み、エピゲノムの機能について、第8章では、環境や生活習慣によるエピゲノム変化、老化とがん、さらに記憶などの認知機能とエピゲノムの関係について述べます。最後の第9章では、世代を超えたエピゲノムの継承とその影響について説明し、エピローグでその社会的な影響について議論します。

では、いよいよエピジェネティクスの世界を見て行くことにしましょう。

第1章　生命をつなぐバトン

生命とは何か

「生命」とは何でしょうか。単純そうに見えて実は難しいこの問いに、多くの学者が挑んできました。たとえば、生物を物質的に眺めたとき、絶えず外部と物質のやりとりをしている動的な存在と捉えることができます。熱力学的には、エルヴィン・シュレーディンガーが提唱したように、「外部からエントロピーの少ない物質などを取り込み、内部でのエントロピーを減少させ、生存を維持する存在」と言えるでしょう。または、イリヤ・プリゴジンの「散逸構造」――閉じていない空間で自己組織的に生まれる、秩序的で定常的な構造――であると考えることもできます。

自己複製能

一方、物質的な見方とは異なりますが、「自己複製・増殖するもの」という概念があります。これに関しては、二〇〇五年、コーネル大学のホッド・リプソン准教授らによって、「自らコピーを作り出すロボット」というものが実際に作られました。[7] このロボットは、基本的なパーツを自ら組み立て、自分と同じロボットをコピーする機能がプログラムされています。そういう意味では、「自己複製する存在」と捉えられなくもありません。もっとも、部品は自分で作ることができないので、まだ「自己複製」というレベルではないかもしれません。

しかし、自己複製できるかどうかという議論を超えて、このロボットが提起した問題があります。それは、「自己複製」すれば、それは「生物」と言えるのか、ということです。将来このロボットをどんどん改良して、パーツも自分で作れるようなバージョンが出てきたとき、それを「自己複製する」から「生物」と言えるのかという疑問です。常識的に考えれば、ロボットは我々のような生物ではありません。したがって、「自己複製する」からといって、「生物」であるとは言えないと考えられます。「自己複製」は、「生物」であることにとって、あくまで一つの必要条件であり、十分条件ではないのです。

細胞とＤＮＡの存在

もう少し厳密に、「生物」とは「細胞とＤＮＡを持っている」という定義もあるでしょう。こ

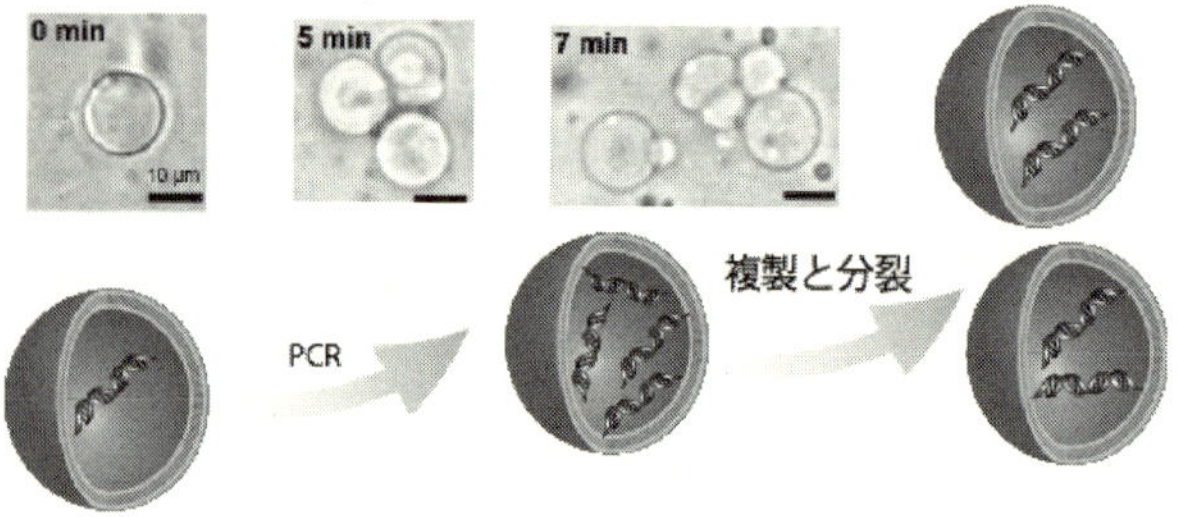

図1―1　人工細胞の作製　人工脂質で作った小胞に、DNAとDNA複製に必要な酵素を導入すると細胞分裂やDNA複製を行うようになる（提供／菅原正名誉教授）

れはよく生物の教科書に書いてある定義です。しかし、我々にインフルエンザを引き起こすウイルスは細胞もDNAも持っていません。そのため教科書では、「ウイルスは生物ではない」ということになっています。実際には生物にしか感染しませんし、その材料は人間の体を作っているRNAやタンパク質ですので、限りなく生物に近いと言えるのですが……。

最近では、人工的な細胞膜の中に、DNAを包み込んで複製させる試みが行われています。東京大学の駒場キャンパスには複雑系生命システム研究センターという組織があり、物理や化学の視点から多くの研究者が生命とは何かについて研究しています。

その中の豊田太郎准教授や菅原正名誉教授らのグループは、人工脂質で作った小胞（ベシクル）に、DNAとDNA複製に必要な酵素などを取り入れて、細胞分裂やDNA複製ができる人工細胞（図1―1）を作ることに二〇一一年に成功しています。[8] この人工細胞も、細胞とＤＮＡを持っているので、教科書的には「生物」と言えるのですが、十分ではない気がします。

「情報」としての「生命」

以上のように、断片的に生物を捉えようとすると、我々が普段接し、認識している「生物」の実体に近づくことはできません。それぞれ、確かに必要条件ではあるのですが、生物の持つ独特のしなやかさ、多様さというものの本質を描き切れていないような気がします。物質的あるいは化学的な見方だけでは、何か大事なものが抜け落ちてしまっているのです。

私が思うには、生物の重要な一つの側面は、「情報」なのではないかと考えています。しかし、単純な情報だけではないのも明らかです。情報だけ考えるなら、メモリーカード上の情報や、インターネット上の仮想歌手とかも、「生命」になってしまうかもしれません。ただ、これらにはＤＮＡのような物質的な基礎がないため、当然生物とは言えません。

したがって、今この段階で「生命」を暫定的に定義すると、「自己複製しながら、環境に応じて変化していく物質の形をとった情報」ということになります。もう少し簡潔に言うと、「物質的実体を持ち、変化し、多様化する情報」というのが、重要な特性なのだと思います。ただし、将来この定義を満たす動的に書き換え可能な情報的化学物質が合成されたとしても、それは生命としてやはり十分でないのかもしれません。以下、現在考えられている生命の情報的な側面の基本について説明していきたいと思います。

メンデルの遺伝の法則――親から子に伝わる「粒子」

エピジェネティクスを理解する上で、ヨハン・グレゴール・メンデルが確立した「ジェネティクス（遺伝学）」をまず正しく理解することが必要です。メンデルは、生命が「継承可能な情報」であることを初めて実験的に示しました。

メンデルの法則には、いろいろ重要な内容が含まれています。その中でもっとも重要な概念の一つは、「遺伝情報は粒子として伝承される」ということです。これは先ほど述べた生命の本質を突いた非常に画期的な概念です。メンデルはこの概念を証明するため、気が遠くなるような綿密な実験と、数学を生物学に持ち込むという革命的な解析を行いました。

親から子に生命を記述する何らかの粒子が受け渡されることで、エンドウ豆の「しわ」や「色」などの表面的な性質（「形質」と言います）が継承されていくことを示したのです。その具体的な帰結が、教科書で習った「分離の法則」や、「独立の法則」に集約されています。これらの法則は、メンデルの法則の一番の要点である「遺伝物質の粒子性」を別の観点から見たものなのです。何はともあれ、メンデルの発見は、発表後三五年もたって再認識されたことによって、

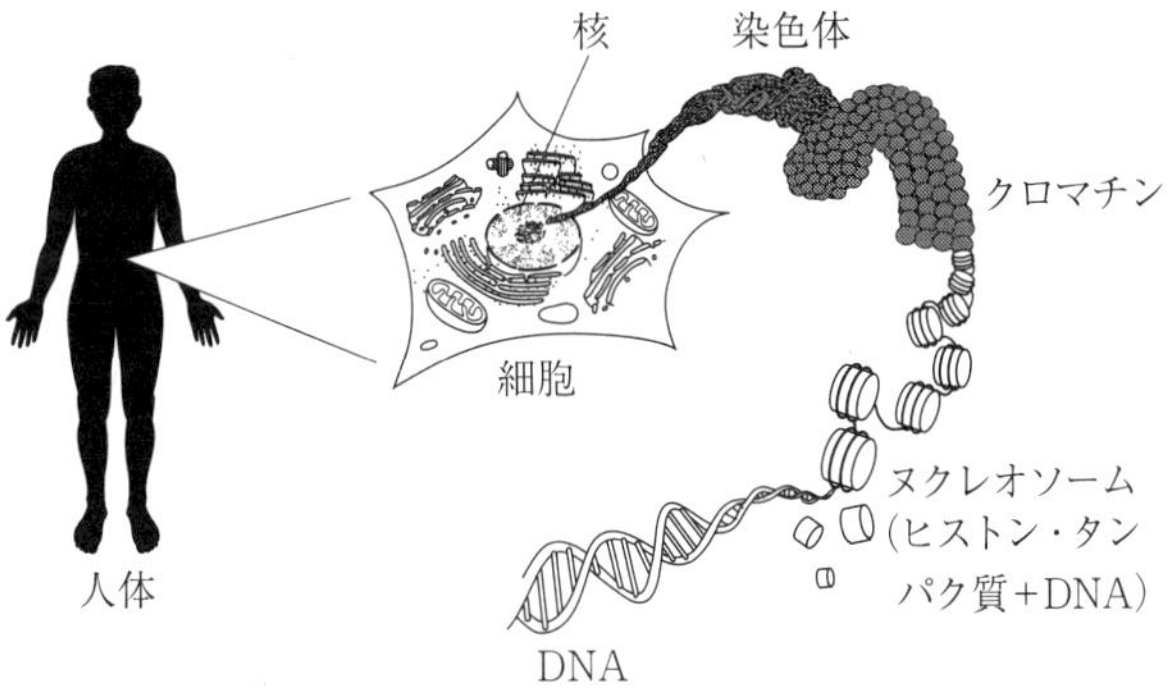

図1―2　核・染色体・クロマチン・ヌクレオソーム・DNA

「親の性質が子に伝わる気がする」という言い伝えの状態から、遺伝現象が科学的検証の対象になったのです。

ゲノムと染色体

次に重要な発見は、遺伝子が「染色体」に並んでいることです。染色体というのは、顕微鏡で細胞をギムザ液（メチレン青、アズール青、エオジンを含む液体）で染色して観察すると、紫色に染まって見える小さな繊維状の構造をしています。実は、この繊維の中にDNAが詰まっているのです。

染色体は、DNAが「ヒストン（第4章で詳しく説明）」というタンパク質などと結合し、重層的に折りたたまれた「クロマチン」という構造をしています（図1―2）。先にも述べたように、人間の体を構成する六〇兆個の細胞一つ一つに、全く同じDNAが入っていますが、そのDNAは、何本かの染色体（ヒトだと四六本）に分かれて収納されています。一つの細胞の染色体全セットには、その生物全体を作り出す情報が詰まっているのです。

このように、一つの生物をその生物たらしめる「DNA情報（DNA塩基配列——塩基については後述）のセット」のことを、「ゲノム（genome）」と呼びます。ちなみに、全ゲノムのDNA塩基配列が決定される以前は、「ゲノム」は一つの生物をその生物たらしめる「染色体のセット」、と捉えられていました。この基本的概念は、日本人遺伝学者、木原均博士がコムギの染色体の研究をする中で確立したものです。

寄生虫と「イーグル・アイ」の研究者たち

染色体の発見は、職人芸のような技術を持つ研究者によってもたらされました。一八世紀後半に、カール・ラブル、テオドール・ボヴェリやウォルター・サットンという「鷹の目（イーグル・アイ）」を持つ顕微鏡観察の達人研究者がいました。

彼らは、ギムザ染色などでよく染まる線状の構造体（つまり「染色体」）が細胞に必ず存在し、細胞分裂するとき新しい細胞に受け渡されたり、生殖細胞で減数分裂という特殊な細胞分裂を介して、子孫に受け渡されたりしていくことを見出していました。このような観察結果から、「染色体」という概念が生まれ、やがて遺伝子は染色体上に存在するという概念（「染色体説」）

にいたったのです。

ちなみに、ラブルやボヴェリはドイツ周辺諸国（現在のオーストリアを含む）の研究者です。ドイツとその周辺諸国は、染色体テリトリー（特定の染色体が核内で塊を作っていること）や減数分裂（生殖細胞を作る際の染色体数が半減する分裂様式）の発見など、この時代の染色体観察で世界をリードしていました。それには意外な背景があります。これらの国では、ウマやブタなどの家畜の寄生虫である回虫を、当時最新鋭の顕微鏡で盛んに検査していました。ウマ回虫の細胞中には染色体が2対で4本しかないことをつきとめ、それをきっかけに染色体の研究が活発に行われるようになったようです。しかも、材料は家畜の腸内にいる寄生虫なので、簡単に調達できます。このような偶然の仕業により、最初期の染色体研究が進展したわけです。

「鷹の目研究者《イーグル・アイ》」の一人であるサットンは、博士課程の学生の頃にバッタの生殖細胞（精巣）を顕微鏡で観察し、染色体説の提唱に関する二つの歴史的論文をまとめました。しかし彼は、なぜか博士課程を中退してその後外科医となり、医学博士号をとっています。博士課程でこれだけの仕事をしておきながら、博士号をとらなかった人は、サットンだけかもしれません。

「イーグル・アイ」vs.高性能顕微鏡

これらの鷹の目研究者たちが使っていたのは、今から考えるととても単純な光学顕微鏡で、解

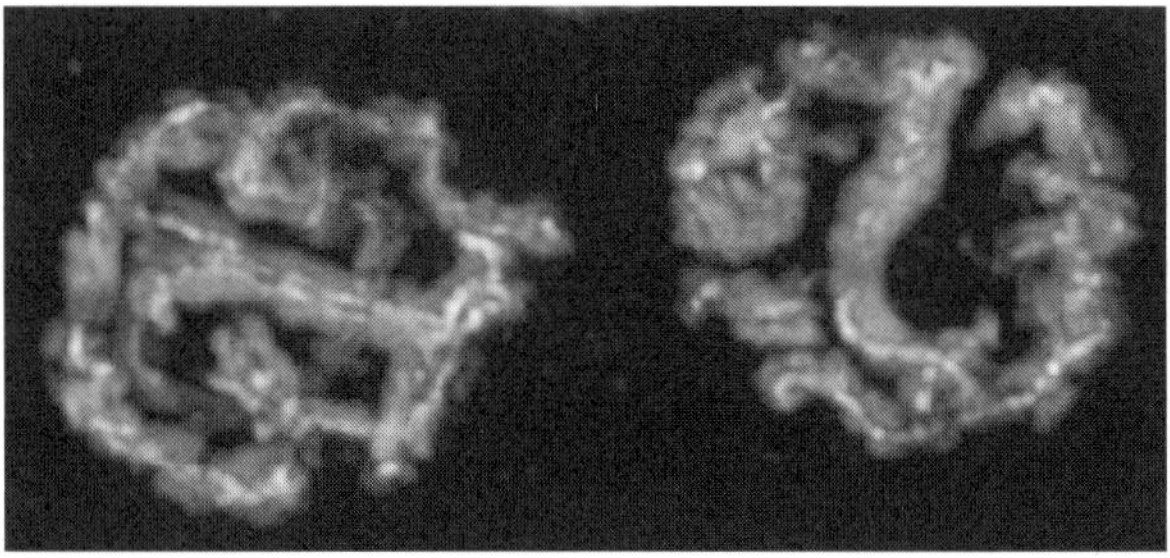

図1—3　超高解像度顕微鏡で見た線虫の染色体画像（提供／京都大学Peter Carlton助教）

像度なども現代の高性能の顕微鏡とはくらべものになりません。しかし、研究者たちは微細な特徴を見出し、それを「スケッチ描写」という脳内のプロセスによる画像強調を用いて描き出したことになります。

今は、顕微鏡写真も「冷却ＣＣＤ」（cooled Charge Coupled Device、固体半導体撮像素子を冷却してノイズを減らした画像を撮影）カメラでコンピューターに取り込んで、画像ファイルにして観察する時代です。ちなみに現時点の最先端の顕微鏡は、「構造化照明顕微鏡法」と呼ばれ、縞状パターンの照明をさまざまな方向から試料に照射するなどして得られた画像を、コンピューターで解析します（超高解像度顕微鏡）。超高解像度顕微鏡では、分解能の限界（〇・二マイクロメートル、マイクロメートルは一メートルの一〇〇万分の一）を超える細かい画像を撮影することが可能になります。図1—3はこの方法で撮影された線虫の染色体の画像です。

ご覧の通り、この方法は非常に高解像度で染色体などを観察できます。しかし、そこで明らかになったことが、昔のイーグル・アイ研究者のスケッチとほとんど同じだったりするのも、大変驚きです。

「遺伝学」の確立に寄与したショウジョウバエ

染色体に話を戻しましょう。現在ではボヴェリやサットンでなくても、顕微鏡の性能も向上していますので、簡単に染色体を見ることができます。しかし、物質的存在である染色体（あるいはDNA）は見ることができても、情報的存在である遺伝子そのものを顕微鏡で見ることはできません。遺伝子は何か外見の変化（表現型）が出たときに認識可能になるだけで、顕微鏡で観察することはできません。では、どうやって遺伝子が染色体に並んでいるのがわかったのでしょうか。この研究には、バナナとかゴミとかによくやってくる小さなハエ、ショウジョウバエの研究が重要な役割を果たしました。

米国の研究者トーマス・ハント・モーガンは、個々の遺伝子が染色体のどこにあるのかを突き止めたいと考えていました。遺伝子は表現型が出ないと観察できません。そこで、モーガンは一世代の寿命が短いショウジョウバエに注目しました。ショウジョウバエは眼が赤く、猿（猩々）の顔のように見えるところからこの名前がつけられました。モーガンが実験に使ったのはその一

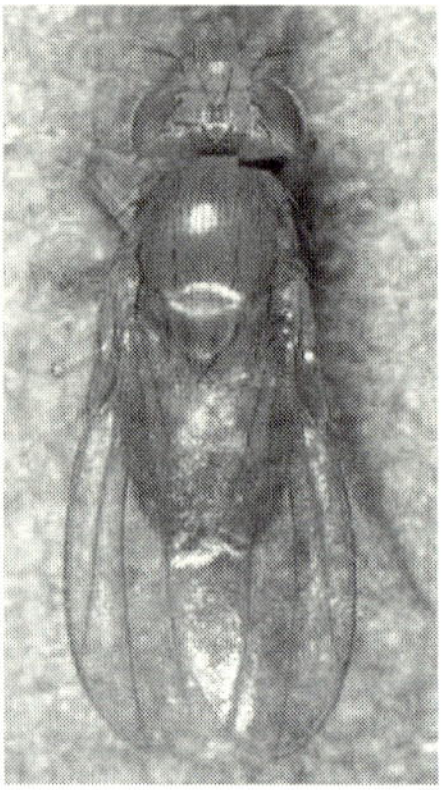

図1—4　キイロショウジョウバエ

種のキイロショウジョウバエです（図1—4）。英語では*Drosophila*（ラテン語で「露が好き」という意味）*melanogaster*といいます。

バナナをしばらく部屋に放っておくと、小さなハエがやってきますが、これがショウジョウバエです。ショウジョウバエは熟れたバナナやワインなど、果物のにおいやアルコールが大好きです。ショウジョウバエは果汁や、果汁を栄養に増殖する天然酵母を食べています。

「モデル生物」の研究で人間の本質に迫る

ショウジョウバエは卵から成虫になるまで二二〇時間（一〇日弱）程度しかかかりません。一年で三〇世代くらい交代します。このことは遺伝の研究をするのに非常に有利です。このように、世代時間が短いなどの理由で実験に適しており、多くの研究者による情報や解析法の蓄積がある生物種のことを、「モデル生物」と言います。

時々、「ハエとか酵母とか、人間とかけ離れた生き物を研究して何になるのですか」、という質問を受けることがあります。もちろん生物学者の究極の研究目標は、「人間がどこから来て、何であり、どこに行こうとしているのか」を知りたいということです。しかし、実際に人体実験をするわけにはいきませんので、人間のしくみを別の生物で調べる必要があるのです。

よく利用されるのが人間と同じ哺乳類のマウスです。しかし、マウスをたくさん飼って研究するのには、かなりの設備とお金が必要です。また、マウスが生まれてから、掛け合わせ可能な成体まで成長するのに、二〜三ヵ月くらいかかります。酵母だと一世代が一二〇分ぐらいしかなく、実験の種類にもよりますが、掛け合わせ実験は数日程度しかかかりません。また同時に多数の実験が可能です。ですから、マウスの実験一回分の時間で数十倍の量の実験ができるのです。

幸い、DNAや遺伝のしくみは、酵母やハエ、カエル、マウス、ヒトなどかなりの部分で共通しています。したがって、非常に普遍的で重要な遺伝の概念を単純な生物で明らかにし、それを元にして、より複雑な生物種でその原理を検証していく方法が、経済的にも、時間的にももっとも効率的だということになります。もちろん、エピジェネティクスによる遺伝子発現制御には、哺乳類にしかない「ゲノム刷り込み」など、種に限定されるタイプの機構もあります。後で詳しく述べますが、そのような機構は複雑な生物種を使って研究する必要があります。

マンハッタンのハエ部屋

さて、モーガンのハエの話に戻りましょう。モーガンはニューヨーク・マンハッタン島にあるコロンビア大学でショウジョウバエの研究を始めました。彼の研究室（ラボ）は「ハエの部屋」と呼ばれ、一六×二三フィート四方（四・九×七メートル四方）の（アメリカとしては）狭い部屋に、八個の机が押し込められていました。[9] このサイズは約三五平方メートル（約一〇坪、江戸間で二二〜二三畳）くらいのスペースでしょうか。

ハエの部屋には、モーガンが始めた遺伝学に興味を抱いた多くの学生や博士研究員が集まってきました。その中には、アルフレッド・スタートバント、ハーマン・ジョセフ・マラーなど、その後の遺伝学の礎を築いた錚《そう》々たる研究者が参加しています。この部屋には、そういった優秀な学生だけでなく、使用済みの牛乳瓶も沢山集められていました。瓶の中でハエを飼うためです。

赤眼が白くなったハエ

さて、ハエを使ったモーガンの遺伝子研究の様子を見ていきましょう。遺伝子は直接目で見ることはできません。そこでモーガンは、染色体上の遺伝子の位置を調べるために、まず遺伝子に変異（当時は知られていませんでしたが、DNA配列の変化のこと）を入れようと考えました。先に述べましたが、表現型という目に見える変化が出てはじめて遺伝子として認識できるからです。

モーガンらは、放射線を当てるなどして、形態が変化したショウジョウバエ変異体を作ろうとしました。しかし、彼らの変異体作りは、予想以上に困難をきわめたようです。なかなか目的のハエが得られず、さすがのモーガンも「二年も実験してきたが、全くの無駄だったかもしれない」と弱音を吐いたそうです。

しかし、ついにその努力が報われる日が来ました。一匹の雄のハエの眼が赤ではなく、白くなっていることに気づいたのです。これは、眼の色を支配する遺伝子に変化が生じ（突然変異）、それに伴って眼の色という表現型が変わったもので、「変異体（ミュータント）」と呼ばれるものです。これに対し、元々のショウジョウバエの性質を持った個体を「野生型」といいます。

モーガンはこの変化をもたらす遺伝子を*white*と命名しました。元々は赤い眼を作る遺伝子なので、「白」を意味する*white*は紛らわしい名前です。モーガンは*white*変異株（眼を白くする変異）を野生型のハエと交配させ、その子（雑種第一世代、F1世代）を作りました。これらはいずれも赤い眼をしていました。*white*の表現型は野生型の遺伝子の表現型に隠されて見えなかったのです。このような場合、*white*の表現型は「劣性（recessive）」であると言います。その逆、つまり常に表現型が表に出るタイプのものを、「優性（dominant）」と呼んでいます。

性と連動する遺伝子

次に、メンデルがエンドウマメで行ったように、雑種の第一世代のハエ同士を掛け合わせて、

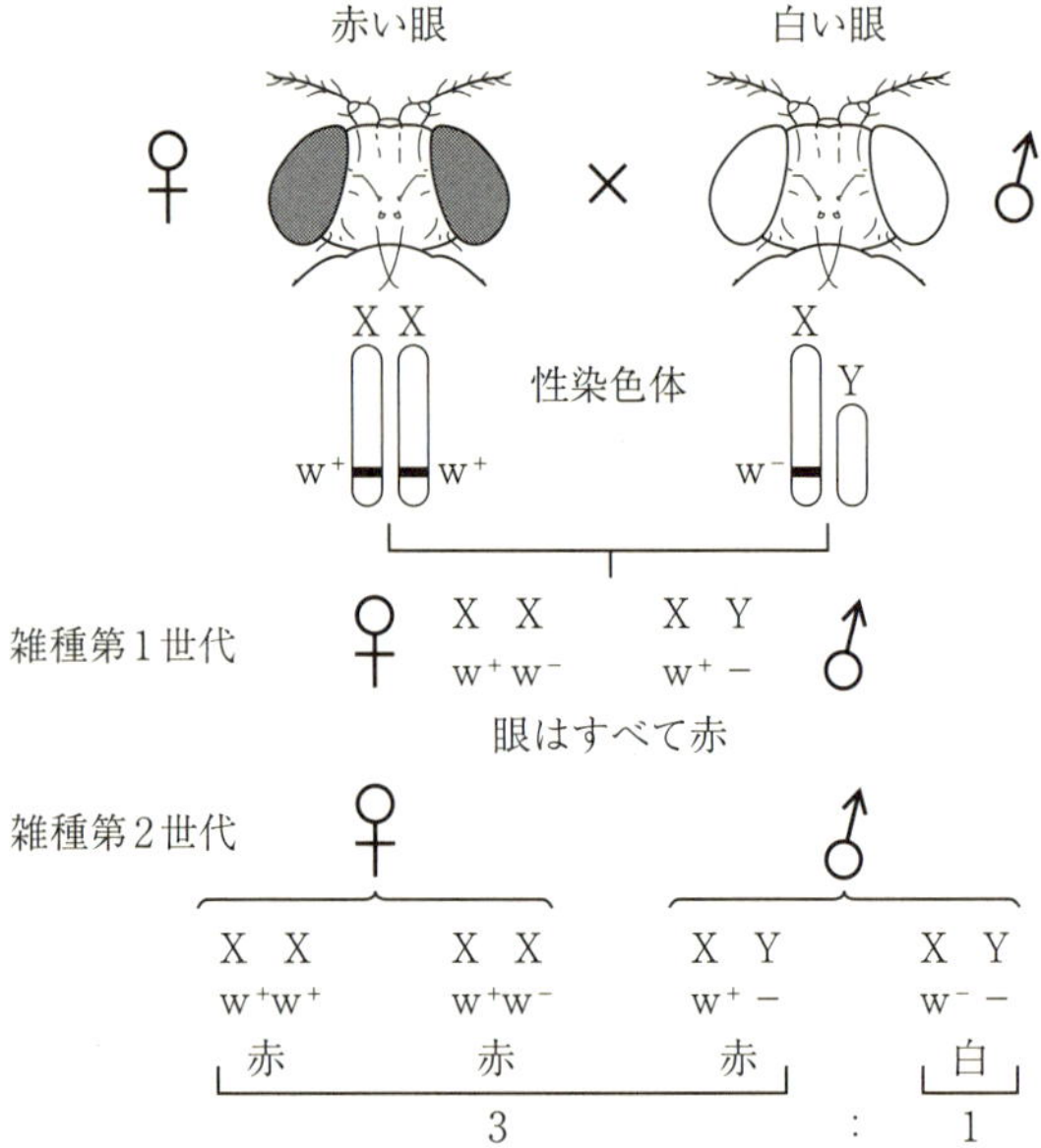

図1—5　ショウジョウバエの眼色の伴性遺伝

次のF2世代（雑種第二世代）を作りました。F2世代では、赤眼と白眼のハエが、3：1の割合で出現しました（これを遺伝学の言葉で「3：1に分離した」といいます）。これはメンデルの遺伝の法則の通りです。

ここでモーガンらは、非常に興味深い現象に気がつきました。雌はすべて赤眼で、雄について調べてみると、白眼と赤眼がちょうど半々だったのです。そこで彼は*white*遺伝子が性と何らかの関係を持つと考えました。ショウジョウバエの性別はXとYの二種類の性染色体によって決まります。雌はXXで、雄はXYです。モーガンらは「*white*遺伝子がX染色体に存在する」と考えたのです。すると、二つあるX染色体の片方に変異がありますので、どちらかを受け継ぐ雄の半分は白眼になることが説明できます（図1―5）。

このような遺伝を「伴性遺伝」と言います。ヒトの血友病や赤緑色覚障害も、この例になります。伴性遺伝の一つの特徴は、主として男性（雄）に形質が強く現れることです。その理由については後ほど詳しく説明します。ここでは、伴性遺伝の存在を覚えておいてください。

連鎖する遺伝子

現在はヒトのゲノム配列が全部解読されています。また、遺伝子の場所も染色体のどこにあるかほぼわかっています。一本の染色体には、性染色体のY染色体などの例外を除き、数百から数千個の遺伝子が存在しています。ある二つの別々の遺伝子が、同一染色体上の近接した場所に存在すると、メンデルの法則のようにそれぞれ独立に子孫に分配されません。たいていの場合、一緒に同じ子孫に継承されます。このような現象を「連鎖」と呼んでいます。

二つの連鎖した遺伝子の形質がどのように子孫に伝わるか、モーガンたちは「連鎖の強さ」をいろいろな遺伝子で調べました。すると、連鎖の強さが遺伝子の組み合わせごとに変動することがわかりました。二つの遺伝子の組み合わせによって、それらの遺伝子の表現型が強く連鎖する

（一緒に子孫に伝わる）場合もあれば、連鎖があまり強くない（別々に子孫に伝わる傾向が大きい）ケースもあったのです。

モーガンたちは、二つの連鎖した遺伝子の間で、染色体が切断され、異なる染色体と連結するため、場合によって連鎖した遺伝子も別々に子孫に伝わることがあると考えました。このような染色体の切断と再結合を、「遺伝的組換え」と呼びます。いろいろな遺伝子について、遺伝的組換えの頻度を調べてみると、同じように連鎖している遺伝子でも、組換え率が大きかったり、小さかったりするのです。

スタートバントの卒業研究

なぜ、連鎖の強度が遺伝子間で異なってくるのでしょうか。モーガンらは、調べた遺伝子が、空間的に離れていることが原因だと考えたのです。つまり、同じ染色体上で離れた遺伝子の間では、それだけその間で染色体の切断・再結合の可能性が高い、つまり組換えが起こる確率が高くなり、逆に近接した遺伝子間では、組換えの頻度が低くなるのではないかというのです。

一九一一年も終わりに近づいたある日のことです。モーガンは、当時二〇歳で、まだ学部学生だったアルフレッド・ヘンリー・スタートバントと議論を交わしていました。他の研究者が調べたウサギの体毛色の遺伝についてです。スタートバントはその最中に、連鎖の強度の違いを用いて、遺伝子が染色体にどのような順番で並んでいるのかを明らかにする手法を偶然に思いついたのです。こうした研究分野では、学生とのディスカッションは結構重要なものです。実際私も、学生と話しているうちに、斬新なアイデアを思いつくことがよくあります。そのため、定期的にゼミや研究発表をしたりして、そうした場を意識的に作ったりしています。

さて、スタートバントはそのアイデアを忘れないように家路につきました。帰宅するやいなや、宿題をそっちのけで、夜通しショウジョウバエのX染色体上の遺伝子がどう並んでいるかを解析し、世界初の「遺伝学的地図」を作ることに成功します。学部学生といえば、研究者の卵になるかならないかのような状態ですが、スタートバントはそのような時期に、人類史上に金字塔を打ち立てる重要な発見をした強運な遺伝学者の一人です。

遺伝学的地図と染色体説

簡単にスタートバントの考えた手法を説明してみましょう。今、染色体のどこでも同じ頻度で組換えが起こると仮定します（この仮定は、より詳細に調べると修正が必要なことが、後年に明らかになりました）。先に述べたように、二つの遺伝子の連鎖の強さは、両遺伝子の距離に反比例します。言い換えると、両遺伝子が離れているほど、組換えが起こる頻度は高くなります。

したがって、二つの遺伝子の間で組換え率を測定すれば、その組換え率は両者の距離を反映し

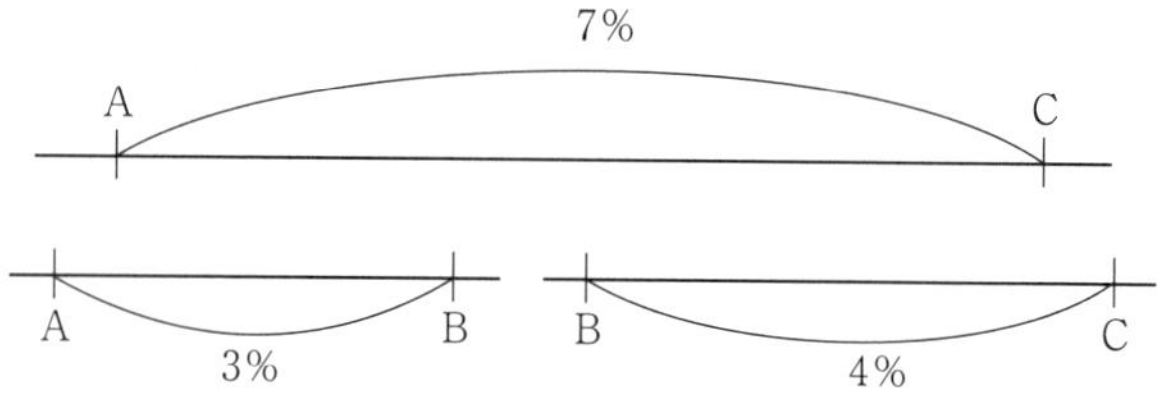

A, B, Cという3つの連鎖遺伝子間の組換え率を測定する

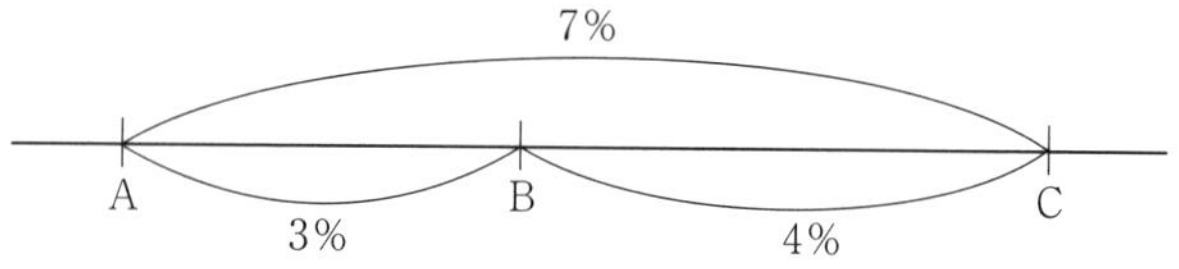

このような順番で染色体上に遺伝子A, B, Cが並んでいることがわかる

図1―6　遺伝学的地図の作成

ているはずです。複数の遺伝子の組み合わせで組換え率がわかれば、遺伝子の順番や、両者の相対的な距離を図に示すことが可能になります（図1―6）。このような方法で、染色体上に多数の遺伝子を並べ、一種の地図を作るわけです。これが、「遺伝学的地図」または「連鎖地図」と言われるものです。遺伝学的地図はゲノムDNAの配列がわかるまでは、染色体上の遺伝子の位置を知る数少ない手段の一つでした。

ショウジョウバエのいろいろな遺伝子について遺伝学的地図を作ってみると、常染色体が三つ、性染色体が一つのグループに分かれることがわかりました。実は、ショウジョウバエの染色体を顕微鏡で観察すると、常染色体が三種類、性染色体が一種類あることがわかっていました。つまり、遺伝学的に作った遺伝子の並びが、実際に目で見た染色体と見事に対応していたのです。論理的な推論だけで得られた結果と、視覚的な観察結果が一致したわけです。その場にいたわけでもないので断言はできませんが、この結果を見て研究者らはきっと大変興奮したはずです。このような地道な研究から、遺伝子が染色体上に並んでいることがはっきりしてきたのです。

第2章　二重らせん上の暗号

アカパンカビの遺伝子理論

前章では、遺伝子は染色体上に並んでいるという話まで書きました。その後、遺伝子の情報が、どのような物質にどのように記述されているかが、重要な研究テーマになります。実は、その物質がＤＮＡだったのです。また、一つの遺伝子が一つのタンパク質（酵素）を記述している（専門家は「コード」していると言います）ことを、モーガンの研究室にいたビードルとエドワード・ローリー・テータムが、アカパンカビを用いた実験で明らかにしました。

ちなみに、私は高校時代に、分子生物学の世界に大きな関心を持ったのですが、そのきっかけがこのビードルとテータムの実験です。アカパンカビのアルギニン（タンパク質を構成するアミノ酸の一種）の生合成経路を遺伝学的に解析した結果、「一遺伝子が一つの酵素をコードする」という概念にたどり着いた、というものでした。

私は、高校の生物の先生から、この実験の詳細をレポートにまとめるようにと課題を与えられました。図書館などでいろいろと調べてレポートを書いているうちに、目には見えない「遺伝子」と「酵素」を、論理の展開で結びつけていく過程に大変感銘を受けました。私はその後、当初の動機とは別に、大学・大学院では生化学や細胞生物学の研究をすることになりました。その当時は、将来自分がプロの世界で、遺伝学に関わることになるとは、思ってもみませんでした。若い頃に勉強したことが、将来の人生のどこで結びついてくるかなんて、まったく予測できないものなのですね。

生命情報を記す「ひも状分子」

DNAが情報物質だとわかると、その化学構造に研究者の関心が移るのは自然な流れです。DNAの化学構造を見てみましょう。DNAというのは、「ヌクレオチド」という構造単位がひも状に重合した物質です。ヌクレオチドは、「リボース」という五角形の糖と、リン酸、塩基からなる小さな物質です（図2―1）。

五炭糖に水酸基（OH基）が二個ついているものを「リボヌクレオチド」、一個しかついていないものを「デオキシリボヌクレオチド」（「デオキシ」は酸素が一つないことを示す）と言います。DNAはデオキシリボヌクレオチドがつながってできたもの（デオキシリボ核酸）、RNA

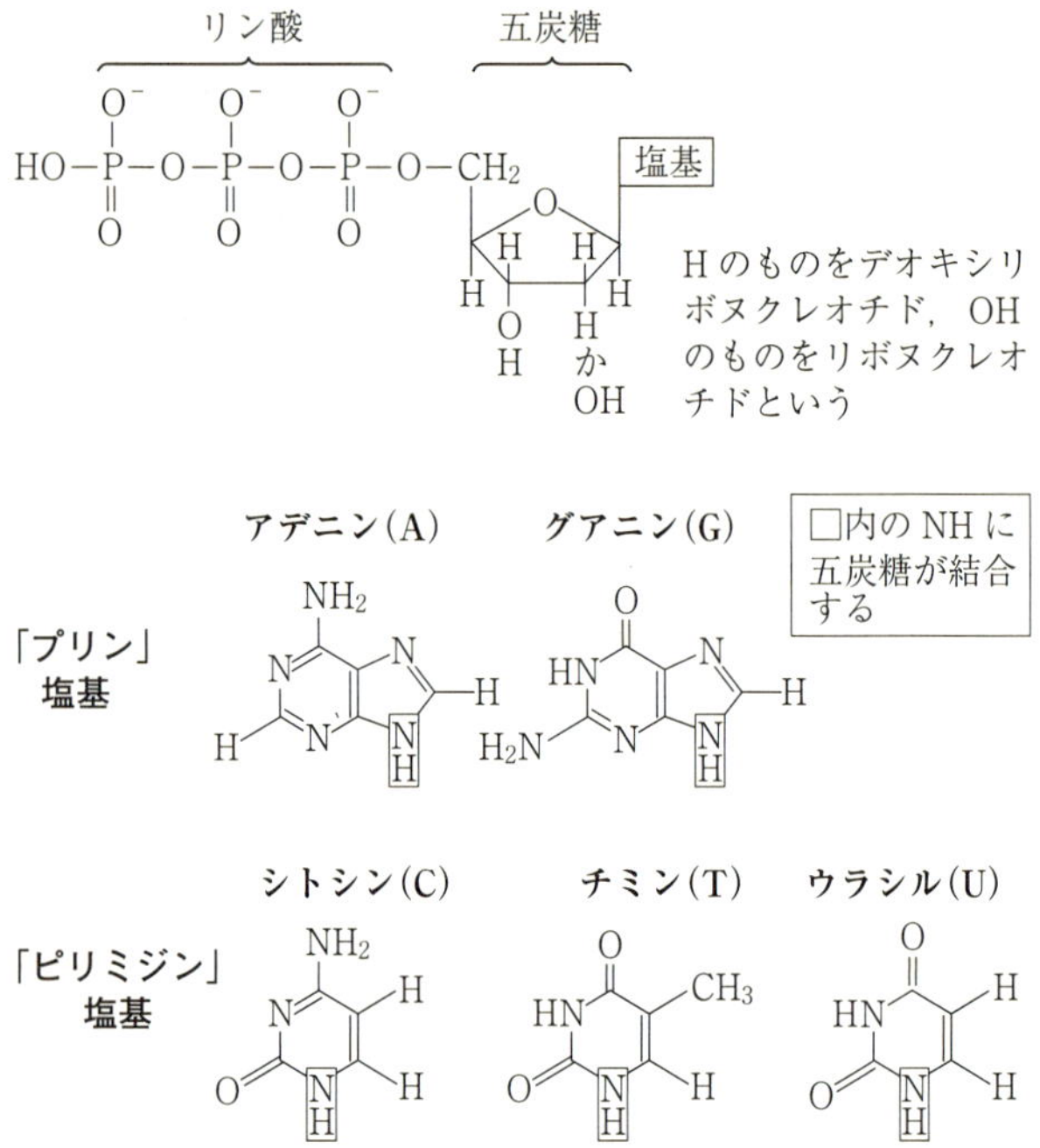

図2―1　ヌクレオチドの構造

はリボヌクレオチドがつながってできたものです（リボ核酸）。

　ヌクレオチド間の連結は、五炭糖の5'部位に結合しているリン酸基（PO_4）が、別のヌクレオチドの五炭糖の3'部位に存在する水酸基とエステル結合（酸と水酸基の間に生じる化学結合）を作ります（図2―2）。ちょうど、リン酸と水酸基が「列車の連結器」のようになって長くつながっていくようなものです。このリン酸基のある連結部分を「リン酸骨格」と言います。

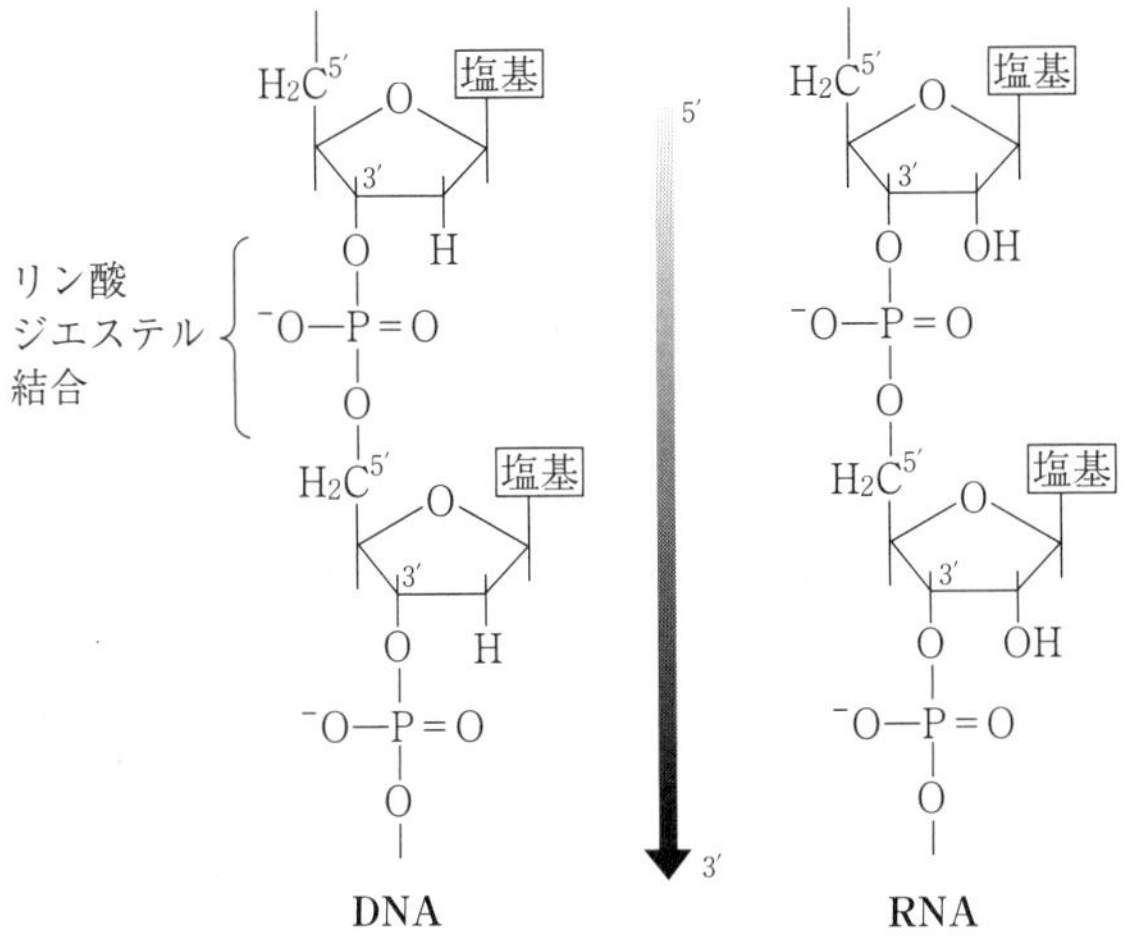

図２—２　核酸（DNAとRNA）の構造

リン酸骨格は水中でマイナスの電気を帯びており、「酸」の性質を持ちます。そのため、DNAやRNAは「核酸」と呼ばれます。また、列車の連結器に相当するリン酸基は、車両にあたる五炭糖の5'位の炭素と3'位の炭素の二ヵ所に結合します。そこで、このような連結構造を、「2」を意味する「ジ」をつけた「リン酸ジエステル結合」と呼びます。これにより、5'部位のリン酸と3'部位の水酸基の間に非対称な連結が生じます。そのため、DNAやRNAの鎖には、図のように方向性が出てくることになります。

次に、五炭糖から飛び出している「塩基」という構造ですが、DNAには、アデニン（A）、チミン（T）、グアニン（G）、シトシン（C）の四種類の塩基があります。アデニン（A）と

図2—3　二重らせん模型を前にワトソン（左）とクリック（右）

グアニン（G）はプリン骨格という五角形＋六角形の構造で、チミン（T）とシトシン（C）はピリミジン骨格という六角形の構造をしています（図2—1）。RNAではTの代わりに、それによく似たウラシル（U）という異なる塩基が用いられています。

二重らせんモデル

遺伝情報は、核酸内の塩基の並び方（塩基配列）によって記述されています。ジェームズ・ワトソンとフランシス・クリック（図2—3）は、DNAは二本の鎖がらせん状に並んでいて、らせんの中央部で両鎖の塩基がお互いに向かい合わせになって結合する構造モデル（ワトソン・クリックの二重らせんモデル）を、一九五三年に提案しました。

ワトソンの著書[10]によると、このモデルに至る重大なヒントを与えたのは、才女ロザリンド・フランクリンが入手していた「二重らせん」を示唆するX線回折像でした。残念ながらフランクリンは一九五八年にがんで夭折しました。ワトソンとクリック、そしてフランクリンの師であるウィルキンスの三人が、「DNA構造の発見」でノーベル生理学・医学賞を受賞する四年前のことでした。

互いに補う二本の鎖——ワトソン・クリック塩基対

さて、ワトソンとクリックは、フランクリンのモデルや、シャルガフが見出した「シャルガフ則」という塩基の比率の法則性（いろいろな生物種でDNA中のGとC、またはAとTの存在比が必ず同じになる）などから、後に「ワトソン・クリック塩基対」と呼ばれる塩基の対合を思いつきます。

ワトソン・クリック塩基対では、塩基は二重らせんの中央部に配置され、二つの向き合った塩基の間には、水素結合という着脱が容易な連結ができます。このときの塩基の結びつき方には決まりがあり、「AはTと」、「GはCと」結合するようになっています。つまり、ピリミジン塩基とプリン塩基がお互いに向き合って結合するのです。

図2―4の写真は、ワトソンが二〇〇七年まで所長・会長を務めていたコールド・スプリング・ハーバー研究所にある、金色に輝く「DNA二重らせんのオブジェ」です。このオブジェはシンポジウムやワークショップが開かれる講堂の前に飾ってあるので、多くの来訪者が写真に収めます。

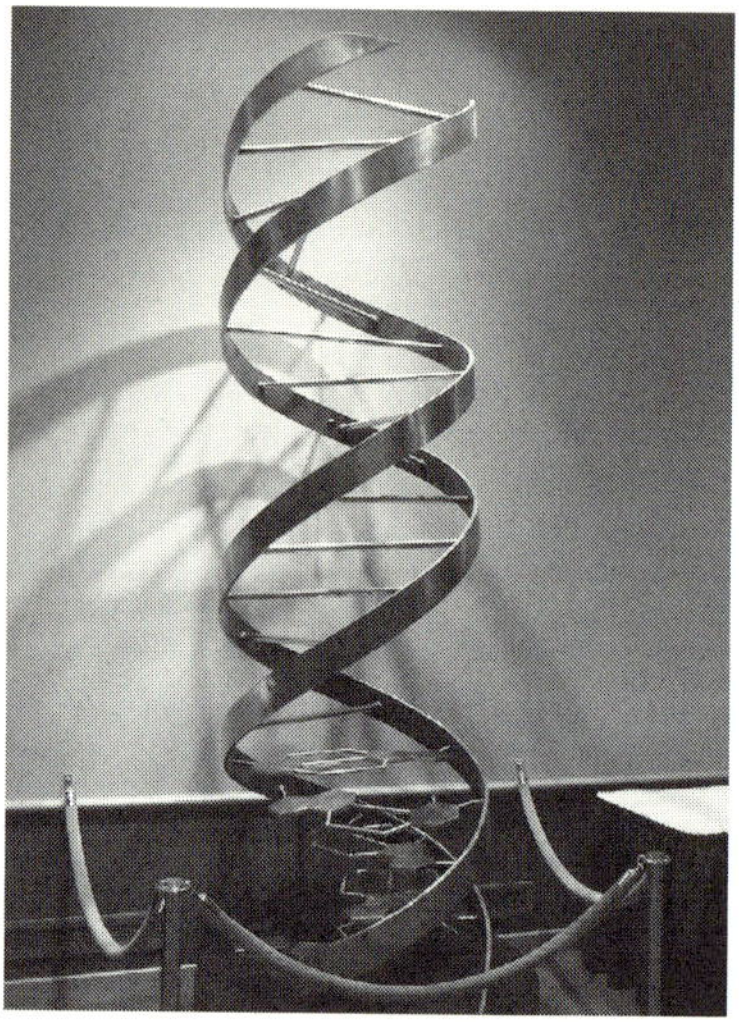

図2—4　コールド・スプリング・ハーバー研究所にある金色の「DNA二重らせんのオブジェ」

「AとT」、「GとC」が対を作って二本のらせんを結びつける「二重らせんモデル」ができてみると、一つのことが見えてきます。一方の鎖の塩基の並びが決まれば、もう一方の鎖の塩基の並びも一義的に決まるということです。このような構造上の性質は、細胞が二つに分裂する際に、DNAの二本鎖がそれぞれ鋳型となり、コピーされることによって複製されることを示唆しています。二本のDNA鎖が、相手をそれぞれ補い合って結合していることからこのようなDNAの性質を「相補性」と呼んでいます。この相補性という概念は、DNAの本質を理解する上で非常に重要です。

ヒトゲノムは莫大な塩基配列情報を持つ

先ほど、遺伝情報は塩基の並び方で決まると書きました。このような塩基の並びは、「塩基配列（nucleotide sequence）」と呼ばれています。ヒトの細胞は二倍体といって、父親と母親から第一番染色体から第二二番染色体、および性染色体を二セット持っています（つまり合計で四六本の染色体が一つの細胞に含まれます）。両親のどちらか由来の染色体の組が一セット（一倍体）あれば情報としては最低限十分なのです。

一倍体相当のヒトＤＮＡの塩基配列が「ヒトゲノム」になりますが、それは三一億対もの塩基が並んでいるものです。これは大英百科事典の情報量に置き換えて計算すると、数百冊ほどになるそうです。上述の通り、ヒトの細胞は二倍体ですので、実際には個々のヒト細胞はこの二倍の情報量を持っていることになります。もちろんヒト以外の生物も、同じようにゲノム情報を持っていて、生物によってそのサイズはさまざまです。このような莫大な塩基の並びから、生物は必要な遺伝子だけを利用しているのです。

ＤＮＡの一次元の「情報」がＲＮＡやタンパク質などの立体構造を決める

塩基の並びが遺伝情報を記述するということですが、何が書かれているのでしょうか。ひと言で言うと、塩基の並びが生物の部品の形を決めているのです。部品の形は三次元です。一方、塩基の配列は「一次情報」と呼ばれるように、一次元です。影絵は立体物（三次元）が平面上（二次元）に投影されているものです。影絵では、「ウサギ」に見えたものが、実は「手」であった

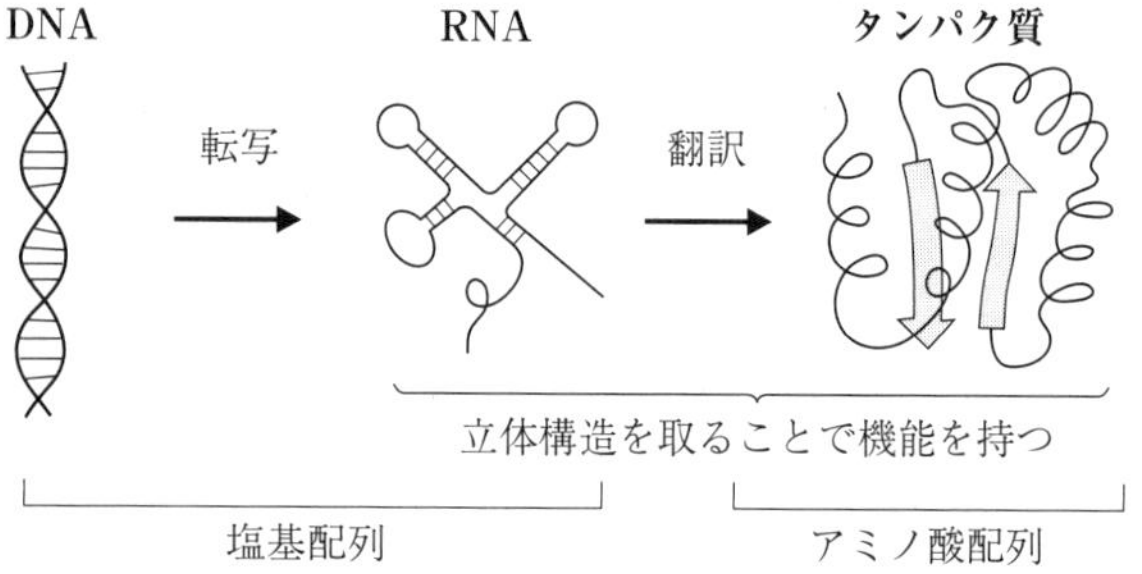

図2―5　一次元の情報はRNAやタンパク質の立体構造を決める

りするので、次元の低い情報からより高次元の情報を再現するのは大変です。ところが、生命の遺伝情報では「三次元の情報が一次元に投影」されていて、しかも高次元の情報を完全に再現できるという優れものです。また、生命情報では、ある意味で時間軸についての情報も含まれています。そう考えると、「四次元の情報が一次元に投影されている」と考えることもできます。次元を下げても大丈夫ということは、かなりよくできたしくみなのではないかと想像されます。

　では、どうやって部品の複雑な立体構造を再現するのかというと、大きく分けて二つの方法があります。この二つの方法は生物にとってどちらも重要で、両方の方法が細胞の中で共存しています（図2―5）。第一の方法は、「核酸自身、特にRNAによる高次立体構造の形成」です。これは、塩基同士のワトソン・クリック塩基対などの相互作用により、実際には鎖の中で折りたたみが形成されるという

第1文字目	第3文字目	第2文字目 U	第2文字目 C	第2文字目 A	第2文字目 G
U	U	UUU フェニルアラニン	UCU セリン	UAU チロシン	UGU システイン
	C	UUC	UCC	UAC	UGC
	A	UUA ロイシン	UCA	UAA 終止	UGA 終止
	G	UUG	UCG	UAG	UGG トリプトファン
C	U	CUU	CCU プロリン	CAU ヒスチジン	CGU アルギニン
	C	CUC	CCC	CAC	CGC
	A	CUA	CCA	CAA グルタミン	CGA
	G	CUG	CCG	CAG	CGG
A	U	AUU イソロイシン	ACU スレオニン	AAU アスパラギン	AGU セリン
	C	AUC	ACC	AAC	AGC
	A	AUA	ACA	AAA リシン	AGA アルギニン
	G	AUG 開始/メチオニン	ACG	AAG	AGG
G	U	GUU バリン	GCU アラニン	GAU アスパラギン酸	GGU グリシン
	C	GUC	GCC	GAC	GGC
	A	GUA	GCA	GAA グルタミン酸	GGA
	G	GUG	GCG	GAG	GGG

表2―1　遺伝暗号を示す「コドン」表

ものです。たとえば、タンパク質を作る際に必要な「tRNA（転移RNA、または運搬RNA）」という部品は、折りたたまれたRNAでできています。

第二の方法は、「アミノ酸の並び方でタンパク質の立体構造を指定する」というやり方です。DNA（RNA）は塩基配列三つが一セットになり、一つのアミノ酸を指定します。この三つの塩基の並びを「コドン（codon）」と呼びます。DNA（RNA）上の塩基配列を三つごとのコドンに区切って読んでいくと、それがアミノ酸の並びを示す「暗号（code）」になっているのです（表2―1）。

アミノ酸が並ぶと、一体何が起こるの

でしょうか。生物を形作る部品の大半は「タンパク質」という物質でできています。これは二〇種類あるアミノ酸が、ひも状につながってできたものです。タンパク質には非常に多くの種類があり、それぞれ役割も異なります。タンパク質の種類の違いは、アミノ酸の並び方で決まっているわけです。

たとえばアミノ酸が三〇〇個ほどつながったタンパク質（特に大きいわけではなく、平均的な大きさです）があったとします。すると、計算上では$20^{300}=2\times10^{390}$通りの配列の可能性が得られます。この数は莫大で、2の後ろにゼロが三九〇個つきます。数の呼び方の最大が10^{68}で「無量大数」と言いますが、文字通り桁違いに足りません。アミノ酸がどのように並んでいるかで、このようにほとんど無限に近い状態の数を指定できるのです。

その並び方で何が指定されるのかというと、水溶液中でのタンパク質の三次元的な折りたたまれ方が決まってくるのです。つまり、タンパク質とアミノ酸配列の関係でも、「三次元の情報が一次元に投影されている」ということになります。

話をまとめると、DNAの塩基配列がタンパク質のアミノ酸配列に置き換えられ、生命機能を担う部品であるRNAやタンパク質などの三次元の形ができあがるということになります。つまり、DNA上の遺伝子というのは、機能性のRNAやタンパク質の立体構造を指定しているのです。

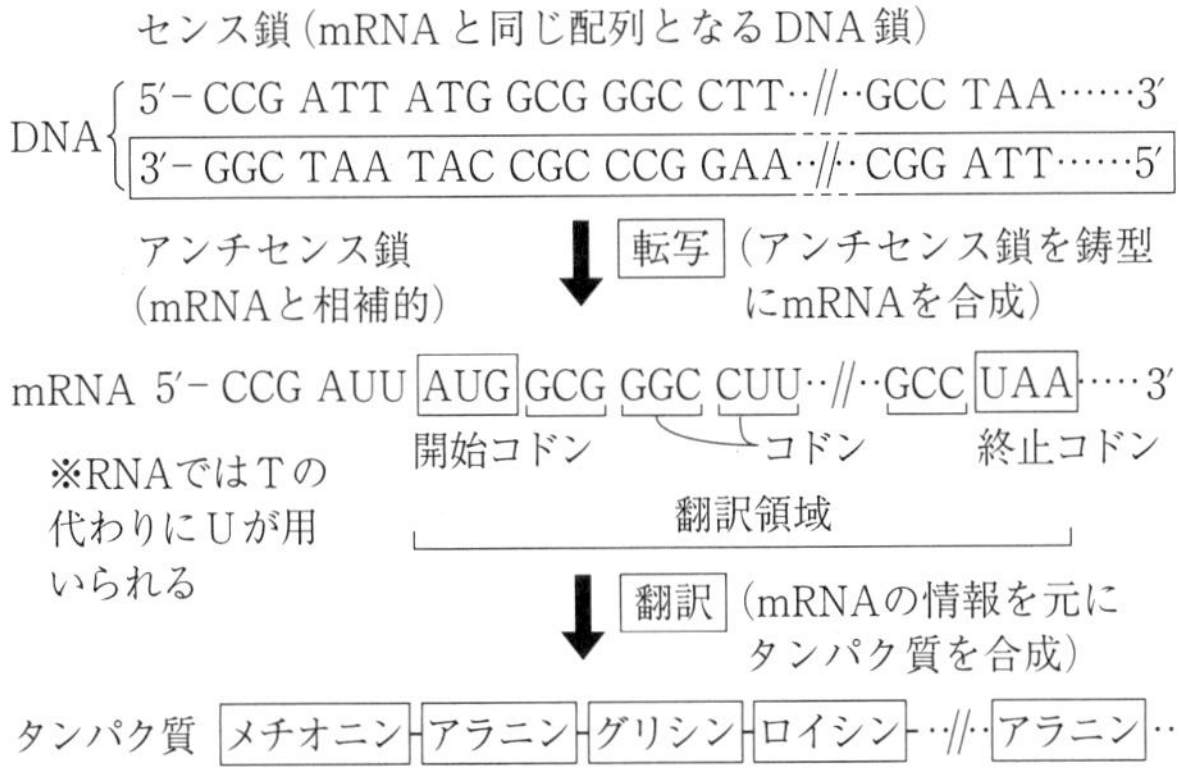

図2—6　生命情報の基本的な流れに関する原理——「セントラルドグマ（中心命題）」

なお、DNA上の塩基の種類は四つですから、一つのコドンで4^3通り、つまり六四通りのアミノ酸が指定できます。実際には、アミノ酸は二〇種類しかありませんので、一つのアミノ酸に対して複数のコドンが対応したり、アミノ酸が対応していないコドン（これは後述するタンパク質部分の終了のマーク「終止コドン」に使われます）が存在したりします。

「遺伝子」の始まりと終わり

次に、DNAの塩基配列がどのようにアミノ酸配列に置き換えられていくか、簡単に説明しましょう。まず、RNAポリメラーゼ（合成酵素）が、二本のDNA鎖の片側（アンチセンス鎖と言います）を鋳型にしてRNAを合成します。この過程で、DNAの塩基配列はRNAに写し取られ

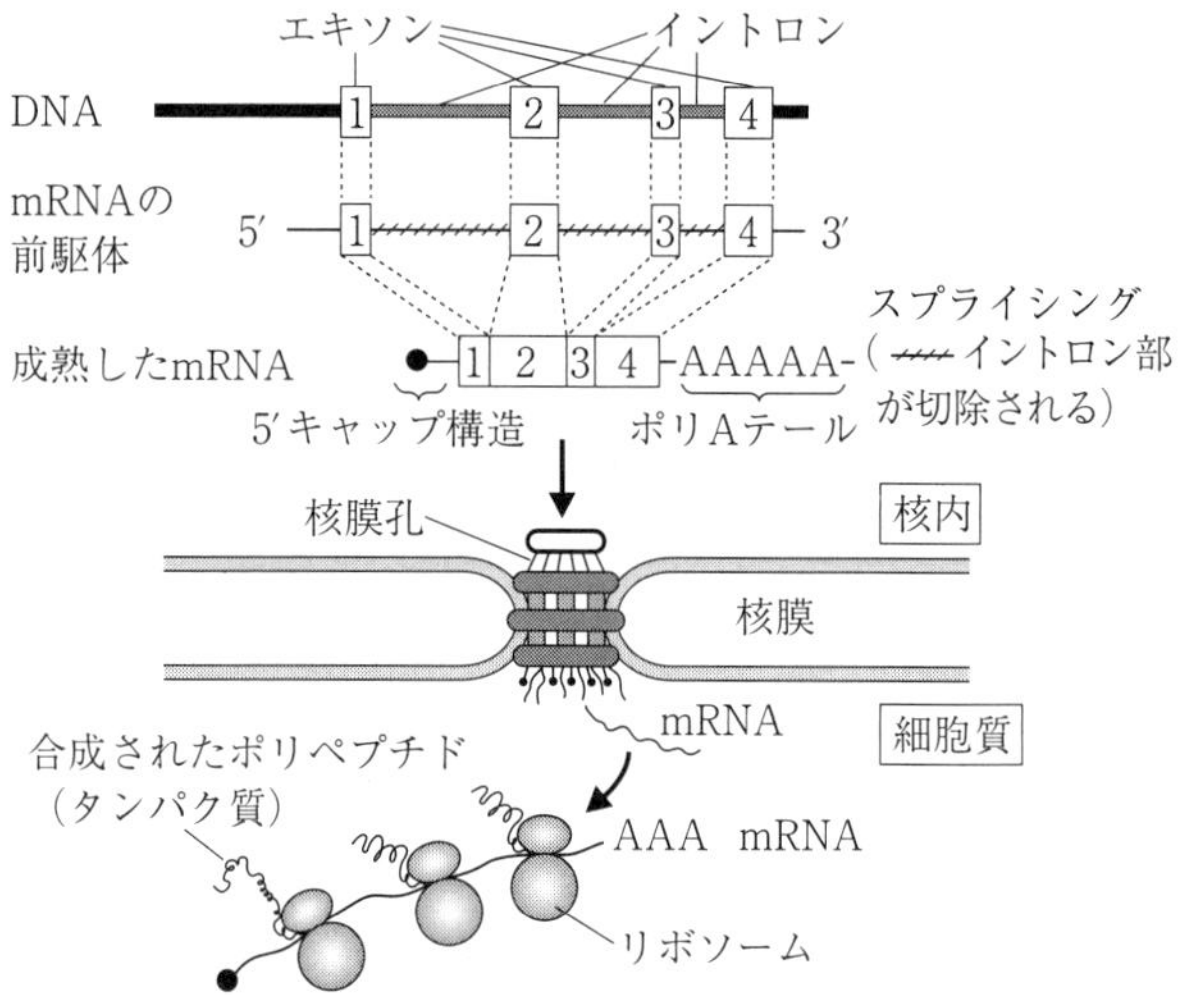

図2—7　真核生物のmRNAの加工と成熟、翻訳　１本のmRNAに複数のリボソームが結合し、同時にアミノ酸の鎖（ポリペプチド）を何本も合成していく。ポリペプチドが立体構造を取るようになり、タンパク質ができる。

ます。この反応を「転写（transcription）」と言います（図2—6）。人などの細胞（真核細胞）には、DNAが格納されている細胞核という構造があります。転写は細胞核の中で起こります。

後で詳しく述べますが、DNAには遺伝子の部分とそうでない部分があります。遺伝子の部分は最初に「開始コドン」といって、遺伝子の開始部位に対応する印が記されています。遺伝子の終わりにも「終止コドン」という目印が記されています。細胞核内では、転写制御のしくみにより、この開始コドンから終止コドンまでの塩基配列を含むＲＮＡができます。

さらにこのＲＮＡから「イントロン」というタンパク質をコードしない部分が取り除かれて連結し（スプライシング）、両端にそれぞれ別な構造が追加され、ｍＲＮＡ（メッセンジャーＲＮＡ）になり、細胞核から出て細胞質に移行します。次いでこのｍＲＮＡの情報をもとに、リボソームでアミノ酸が連結され、タンパク質ができます（図２―７）。

このような「ＤＮＡ→ＲＮＡ→タンパク質」という遺伝情報の流れは、基本的にすべての生物について成り立ちます。このような根本的で普遍的な生命の原理は、「セントラルドグマ」と呼ばれています。セントラルドグマは生物学で確実に理解してほしい重要概念です。

「家事」遺伝子と「贅沢」遺伝子

ヒトの場合、タンパク質をコードする遺伝子は二万六八七個存在すると言われています。[11] 先に述べましたが、我々の体の中の細胞では、そのすべてが利用されているわけではありません。心臓の細胞なら、細胞維持に必要な基盤的な遺伝子に加え、心臓の機能に必要な遺伝子が使われ、たいていの遺伝子は眠っています。

このように、特定の細胞で必要とされる遺伝子のセットが活性化されることを「遺伝子発現」と言います。なお、「遺伝子発現」とは、特定の遺伝子に相当するＤＮＡ領域でＲＮＡポリメラーゼが転写を行い、RNAやタンパク質に置き換えられたことを表します。

我々の体には特定の機能を持つために特殊化した細胞（たとえば心筋細胞や神経細胞など）があります。この特殊化のことを「分化」と言います。分化した細胞では、細胞一般の維持に必要な遺伝子と、分化した状態に必要な遺伝子が発現しています。

前者は、ちょうど毎日の家事のように欠かさず実行する必要があるので、「ハウスキーピング（housekeeping）遺伝子」と呼ばれています。後者は分化した特殊な細胞だけで発現しているので、「ラクシャリー（luxury）遺伝子」と言います。ラクシャリーというのは「贅沢」という意味ですが、細胞にとって贅沢な遺伝子かというとそういうわけではありません。あくまで、「特別なときに使われる遺伝子」という意味です。

ハウスキーピング遺伝子やラクシャリー遺伝子が、特定の細胞できちんと発現することが、細胞機能の維持に非常に重要なのです。この発現パターンが乱れると、さまざまな病気や老化などにつながります。

ラクシャリー遺伝子は、特別なときにのみ使われるので、遺伝子発現が巧妙に制御されています。たとえば、ある種のホルモンの作用で発現したり、特定の器官における細胞同士のやりとりの中で発現が活性化または抑制されたりします。つまり、外部環境に応じて発現パターンが変化するのです。本書で取り上げるエピジェネティクスの制御の対象となるものの多くが、このラクシャリー遺伝子です。

DNA上の遺伝子の一部が必要に応じて使われる

ラクシャリー遺伝子は、ある特定の組織のように、決まった場所に限定して発現します。遺伝子の発現制御という点では、非常に重要な遺伝子群です。体の中の細胞一つ一つに、体全体を作るのに必要な全ての遺伝情報・遺伝子、つまりゲノムDNAが入っています。そのうち一部を使って、心臓や肝臓などの器官が作られるのです。この意味で、ゲノムDNAは一人の人体を作るための巨大な「料理レシピ集」のようなものだと考えられます。

たとえば、今日の気分や、冷蔵庫の残り物、家族の意見などを参考に、晩ご飯のおかずはハンバーグにしようと考えたとします。ハンバーグの作り方のページを開いて、材料の準備や調理を行います。同時に付け合わせにジャーマンポテトを作ろうとした場合、そのレシピが書いてあるページを開いて調理を行います。同時に二つのメニューを調理する必要がありますので、しおりとか付箋紙で必要なページに印を付け、必要に応じて行ったり来たりしながら作っていくはずです。

実際のゲノムDNA上の遺伝情報の発現も、基本的には同じような形で用いられます（ただし、細胞内ではいろいろな転写因子というタンパク質の一種がDNAの配列を識別して結合するという方法で、複数のレシピを同時に見ながら料理できます）。ＤＮＡには、与えられた環境下（たとえば冷蔵庫の中身など）にある特定の細胞で、決まった遺伝子のみを発現させるための短い塩基配列の部分（転写制御配列）が存在し、その近くにある遺伝子だけで転写（ハンバーグやジャーマンポテトの調理に相当）が行われます。

分化した細胞では遺伝子の使い方が記憶されている

もっとも、年季の入ったお母さんとか、フレンチ料理のシェフは、いちいちレシピ集など見たりしません。定番のメニューについては、頭の中にしっかりと作り方が記憶されていて、それに従って調理をするだけです。いわゆる「ルーチン・ワークを行う」という状態です。

同じようなことが分化した細胞にも言えます。たとえば、心筋細胞では筋肉の遺伝子は、細胞分裂後にもずっと発現し続けます。ちょうど細胞が、シェフのように遺伝子の発現パターンを「記憶している」のです。本書で取り上げる「エピジェネティクス」は、このような細胞における遺伝子発現パターンの記憶のしくみを研究する学問領域です。

次に、ヒトなどの真核生物の場合を中心に、決まった遺伝子が発現するしくみを見ていくことにしましょう。

第３章　遺伝子以外のＤＮＡ

遺伝子の外にも大事な配列が

前章で、ＤＮＡに記された遺伝子は、心筋細胞など分化した細胞では、全て用いられているのではなく、一部のみが発現していると述べました。では、これらの特定の遺伝子が、必要に応じて選択的に発現するしくみは、どうなっているのでしょうか。

ゲノム配列の中でタンパク質を規定する遺伝子の場所を見ていきましょう。遺伝子の始まりにはＡＴＧという開始コドンがあり、終わりは三種類の終止コドンのうちのどれかになっています（図2―6参照）。真核生物の場合、その途中にエキソン（タンパク質をコードする部分）とイントロン（エキソンに挟まれた余分な配列）とがあります。開始コドンの5'側（上流といいます）を見ると、その近くにＴＡＴＡという配列（ＴＡＴＡボックス）がよく見られますが、上流に存在するＴＡＴＡボックス周辺の配列を「プロモーター」と言います（図3―1）。

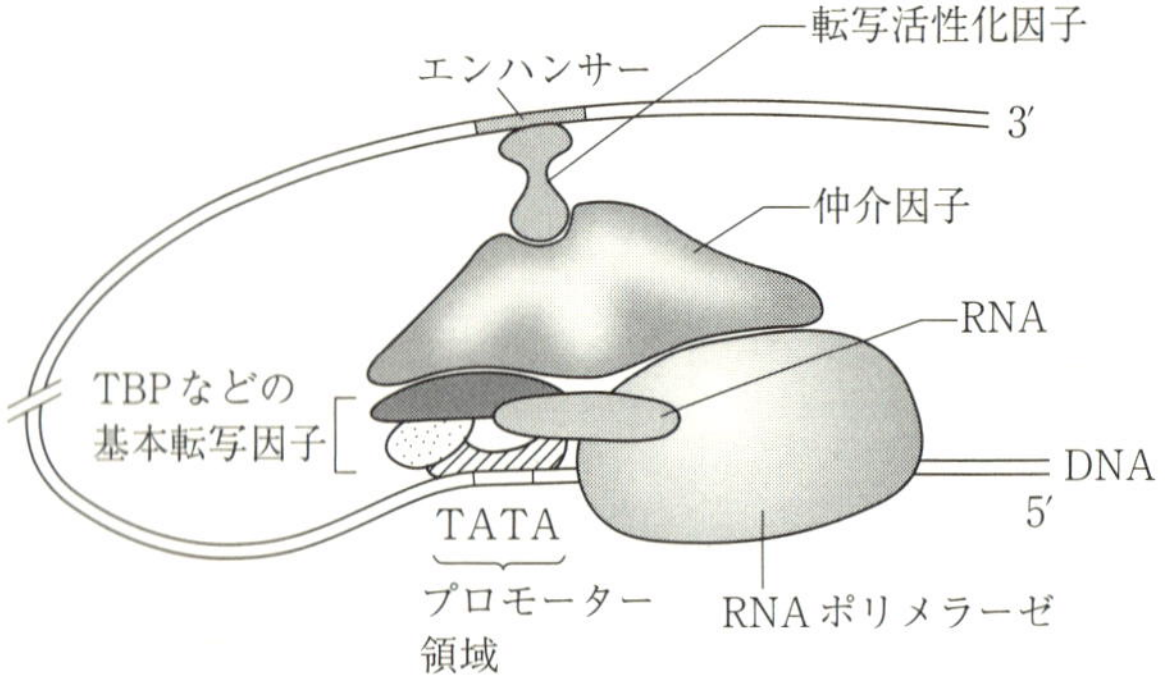

図3—1　プロモーターとエンハンサー

この領域は遺伝子に近接して、その発現を制御する配列を持っています。具体的には、TATAボックス結合タンパク質（TBP）などが結合して、これを足場にRNAポリメラーゼが呼び込まれ、RNA合成が促進されます。つまり、遺伝子発現の制御を支配するDNA配列が遺伝子の外側に存在するのです。

ジャコブとモノーの「オペロン説」

このような遺伝子発現を制御するDNA配列については、フランスのフランソワ・ジャコブとジャック・モノーによる大腸菌を用いた研究が重要な役割を果たしました。大腸菌は人間の大腸などに存在するバクテリアで、ヒトなどの真核生物とは異なり、細胞核を持たない原核生物に属します。ジャコブとモノーは、大腸菌が周辺の栄養状態の変化に応じて、いくつかのタンパク質（転写調節因子）がDNA配列を認識して遺伝子上流に結合し、その特定の遺伝子の発現を調節するというモデルを提唱しました。このモデルは「オペロン説」と呼ばれており、あらゆる遺伝子発現制御系の基礎となる重要なモデルとなりました。

真核生物の転写調節配列と転写調節因子

その後、真核生物の遺伝子発現にも、先ほど述べたＴＡＴＡボックスのようにさまざまな調節配列が存在することがわかりました。たとえば、プロモーターに近接した「近接制御配列」や、かなり離れた位置に存在してプロモーターを活性化するはたらきを持つ「エンハンサー」（図３—１）、逆にプロモーターのはたらきを抑制する「サイレンサー」や、染色体上の遺伝子が抑制された領域を仕切る「インスレーター」などのＤＮＡ配列が存在することが知られています。

遺伝子上流に存在する転写制御領域には、通常さまざまな転写因子が結合できるよう、いろいろな配列が組み合わさって存在します。これらの転写を調節する配列には、それぞれの配列に特異的に結合する「転写調節因子」というタンパク質が存在します。したがって、それぞれの遺伝子の上流には、これらの調節因子がさまざまなパターンで結合し、その組み合わせで遺伝子発現が制御されると考えられています。

転写調節因子は、先ほどのレシピ本の例で言うと、本に挟んだしおりや付箋紙のようなものです。分化した特殊な細胞には専用の転写調節因子のセットがまず発現し、これによってラクシャリー遺伝子の発現が制御されています。このように、真核生物の複雑な遺伝子発現のしくみも、原理的には大腸菌の遺伝子発現と同じなのです。

「ジャンクDNA」から「非コードDNA」へ

ヒトのゲノム配列のうち、実際にタンパク質や、リボソームRNAなど機能を持つRNAに翻訳される部分というのは、全体の一・五パーセントに過ぎません。残りの部分は、イントロンの転写制御領域が二〇パーセントぐらいで、残りの八〇パーセント弱は一見すると遺伝子と関係なさそうな領域です(図3―2)。

そのため、以前この部分のDNAは「ジャンクDNA」と言われていました。ジャンクというのは「くず」という意味で、「どうでもいい存在」ということです。駄菓子なんかもバランスのとれた栄養にならない食品ということで「ジャンクフード」と呼ばれますね。最近は、この領域が結構重要なことをしているのではないかと注目を集めています。ジャンクDNAではあんまりですので、若干格上げされて「非コードDNA領域」と呼ばれています。

ヒトの場合、この領域の実に四四パーセントは、ゲノムDNAに飛び込んで増えたりする「トランスポゾン」や「レトロトランスポゾン」とその関連配列になっています。その他、短い配列が繰り返し出てくる単純反復配列や偽遺伝子など、より長い配列の反復配列が五パーセントを占

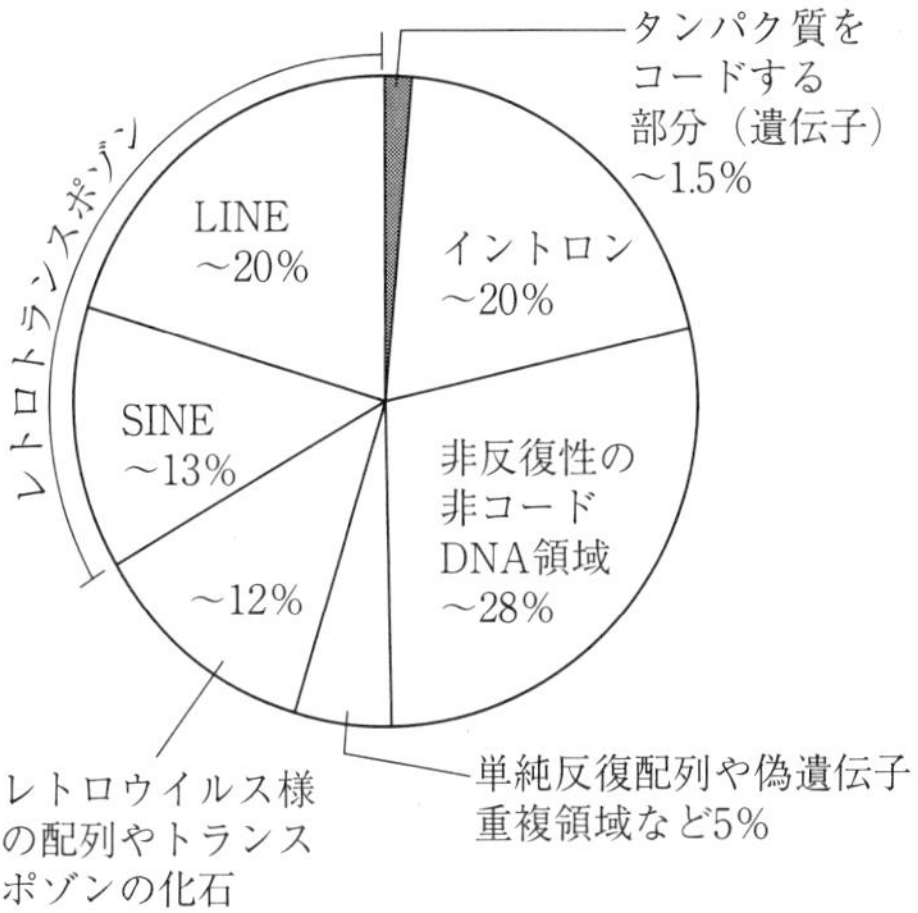

図３―２　ヒトゲノムの構成　ヒトゲノムDNAの大半がタンパク質をコードしない領域になっている

めます。

もちろんこの領域には、先ほど述べた転写の制御に関わるエンハンサー、インスレーターなどの配列、また複製の開始点や、染色体分配を担うセントロメア、染色体末端部のテロメアなど、多彩な機能を持つ重要な配列が存在します。一方で、機能がよくわかっていない配列もまだたくさんあります。そういう意味では、非コードＤＮＡ領域は、「ジャンク」というよりは未知な宝物の宝庫であり、「ゲノムの秘境」と言った方がよい気がします。

ヒトゲノムＤＮＡの八割は何らかの意味を持っている

二〇一二年九月、『ネイチャー』誌にＥＮ

CODE（Encyclopedia of DNA Elements）コンソーシアム（特定の目的を持って作られる共同研究グループ）による解析結果が報告されました[11]。これは、ヒトゲノムDNA上の転写部位、転写因子の結合部位、エンハンサーやプロモーター、後述するクロマチン構造やヒストン・DNA修飾を網羅的に明らかにする巨大プロジェクトです。

先ほど述べたとおり、これまではヒトゲノムのうち、明確な機能を持つ領域というのは限定的であると信じられてきました。ところがENCODEで得られた結果は、ヒトゲノムの実に八〇・四パーセントが、RNAもしくはクロマチンレベルで何らかの機能を果たしているというものでした。また、ヒトゲノムの九五パーセントの領域が、その近くに何らかのDNA結合タンパク質の結合部位を持っていること、九九パーセントの領域がごく近くで何らかの生化学的現象を引き起こしており、実に多くの領域が重要な役割を果たしていることがわかりました。これを裏付けるように、ゲノム全体で三〇万九一二四個ものエンハンサー様配列と、七万二九二個ものプロモーター様配列が見つかっています。

さらに、疾患に結びつくと推定される個人間の一塩基の塩基配列の違い（単塩基置換多型、SNPs）の大半が、遺伝子外の非コードDNA領域に存在することがわかりました。こうやって見ると、非コードDNA領域を「ジャンク」などと呼べなくなっています。

	遺伝子数（個）	ゲノムの大きさ（塩基数）	遺伝子密度（10^6 塩基対あたりの個数）
ヒト	約 21,000	30 億	7
マウス	約 21,000	26 億	8
ショウジョウバエ	約 14,000	1.7 億	83
出芽酵母	約　6,300	1200 万	525
大腸菌	約　4,300	460 万	950

表3－1　さまざまな生物の遺伝子密度　複雑な生物ほど小さくなる

多種間保存配列

機能未知のＤＮＡ配列の役割を調べる上で、一つの重要な解析法があります。それは、いろいろな近縁生物のゲノム配列を横並びに比較し、非コードＤＮＡ領域に存在する保存された配列を見つけるという手法です。これらの保存された配列（「多種間保存配列」と言います）は、何らかの重要な機能を持っているため、生物種が変わっても維持されていると考えられます。

非コードＤＮＡ領域の比率ですが、複雑な生物ほど大きくなります。今ではいろいろな生物のゲノムＤＮＡの配列がわかっているので、どのくらいの数の遺伝子が存在するかも推定できます。大腸菌では四・六メガベース（Mb、メガベースは一〇〇万塩基対、一塩基対は一文字分のＤＮＡの長さに相当）で遺伝子の数が約四三〇〇個、ワインやパンを作るイースト菌（出芽酵母）は一二Mbで約六三〇〇個の遺伝子、ショウジョウバエでは一六五Mbで約一万四〇〇〇個の遺伝子、ヒトでは三〇〇〇Mbで約二万一〇〇〇個程度の遺伝子が存在することがわかっています。これを遺伝子密度で見ますと、大腸菌では九五〇/Mb、出芽酵母では五二五/Mb、ショウジョウバエでは八三/Mb、ヒトでは七/Mbと、複雑な生物ほど、密度が小さくなっていきます（表3—1）。

このような結果が出る以前は、「人間は高等な生物で、遺伝子の数も多いはずだ」と言われていたものです。それが、ヒトゲノム配列が明らかにされると、意外にもタンパク質をコードする遺伝子の数は少ないことがわかりました。

限られた数の遺伝子を有効に活用するしくみ

遺伝子の数が単純な生物と大差ないのなら、どうやって人間のような複雑な行動をする生物がプログラムされているのでしょうか。これには、いくつかの仮説があります。第一の仮説は「選択的スプライシング」という現象に立脚するものです。

スプライシングについては、すでにセントラルドグマの項目（61ページ）で簡単に述べましたが、確認のため、要点だけ説明します。ヒトなど細胞に核を持つ真核生物の場合、多くはタンパク質をコードする領域が、「エキソン」と呼ばれるいくつかの区間に分断されて染色体上に並んでいます（図2—7参照）。エキソンとエキソンの間の配列を、「イントロン」と呼びます。イン

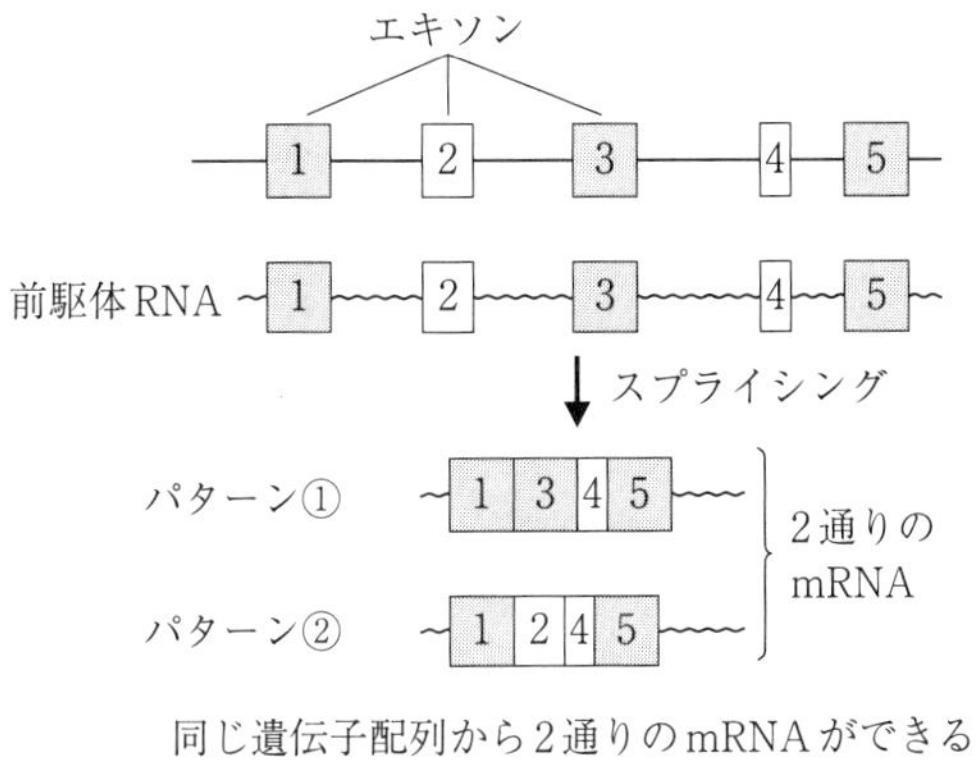

同じ遺伝子配列から2通りのmRNAができる

図３―３　選択的スプライシング

トロンは通常タンパク質には翻訳されません。遺伝子の部分はまず、エキソンとイントロンを含む前駆体ＲＮＡとして転写されます。その後、この前駆体ＲＮＡからイントロン部分のＲＮＡが切除され、エキソン部分でＲＮＡが再結合されて、連続したタンパク質部分を含む成熟したｍＲＮＡが形成されます。

選択的スプライシングというのは、いくつかあるエキソンがいろいろな組み合わせで連結される現象です（図３―３）。そのため、一つの遺伝子配列で、いくつもの異なるタンパク質を生み出すことが可能になります。とは言っても、これらのタンパク質はどれも配列が共通しているところがあるので、全く異なるタンパク質というわけではなく、一種の「兄弟姉妹のようなタンパク質」が生み出されると考えればよいでしょう。第一の仮説では、このように、少ない遺伝子をいろいろな形に使い回すことで、複雑な生物を生み出すことが可能になると考えるのです。

第二の仮説は、本書のテーマである「エピジェネティクス」のしくみを基盤においています。プロローグで、エピジェネティクスは「同じＤＮＡを持つ細胞をいろいろな種類の細胞に分化させるのに用いられる」ということを述べました。エピジェネティクスのしくみを使うと、ＤＮＡの情報に加えて、それをどう使うかという情報が書き込め、しかもそれを記憶することが可能になります。これにより、高等生物の複雑さをもたらす高度な遺伝子発現が成立するという説です。本書を読み進めていくうちに、この仮説の意味が理解できるようになるはずです。

第三の仮説は、非コードＤＮＡ領域から生み出されるＲＮＡの積極的な関与を想定します。このようなタンパク質に翻訳されないＲＮＡのことを、「非コードＲＮＡ」とか「ノンコーディングＲＮＡ（ｎｃＲＮＡ）」と呼んでいます。複雑な生物に見られる広大な非コードＤＮＡ領域から、大量の非コードＲＮＡが生み出され、複雑な遺伝子発現制御に関わることで、生物が複雑なプログラムを実行できるというものです。

「ジャンク」でなかった非コードＲＮＡ

非コードＲＮＡは、現在非常に活発に研究が行われている領域です。一つの理由は、近年、ＤＮＡやＲＮＡの配列を解析する手段が、急速に進歩していることがあげられます。ヒトゲノム全体の網羅的な配列解析は、かつては三〇億ドル（公的研究機関のケース）という莫大な予算と、それに支えられた多大な人員と期間を用いて達成されました。

ところが、最近登場した「次世代シークエンサー」という塩基配列解析装置を用いると、機種や方法にもよりますが、わずか数日で、かつ安価（一〇万円から二〇〇万円ぐらい）で全ゲノムのＤＮＡ配列を解析できるようになりました。現在も急速に次世代シークエンサーが改良されていますので、個々人のゲノムを当たり前のように解読する時代になってきています。

次世代シークエンサーができると、「ＲＮＡ Ｓｅｑ（アールエヌエイセック）」というＲＮＡ解析の技術革新が起こりました。レトロウイルスという病原体（エイズの原因であるヒト免疫不全ウイルス、ＨＩＶなどがその例です）が持っている「逆転写酵素」という酵素により、ＲＮＡを鋳型としてＤＮＡが合成されます（図３―４）。つまり、セントラルドグマの流れを逆行する酵素なのです。この酵素は、一九七〇年にデビッド・ボルチモアとハワード・マーチン・テミンによって独立に発見されました。

詳細は省きますが、ＲＮＡ Ｓｅｑでは、細胞から単離・精製してきたＲＮＡの端に、配列読み取りのきっかけと目印となる短いオリゴヌクレオチドを、リガーゼという酵素で連結したのち、逆転写酵素でｃＤＮＡを合成します（逆転写酵素でＲＮＡから転換したＤＮＡを「ｃＤＮＡ」または「相補的ＤＮＡ」と言います）。その後は、ｃＤＮＡを増幅し、配列を次世代シーク

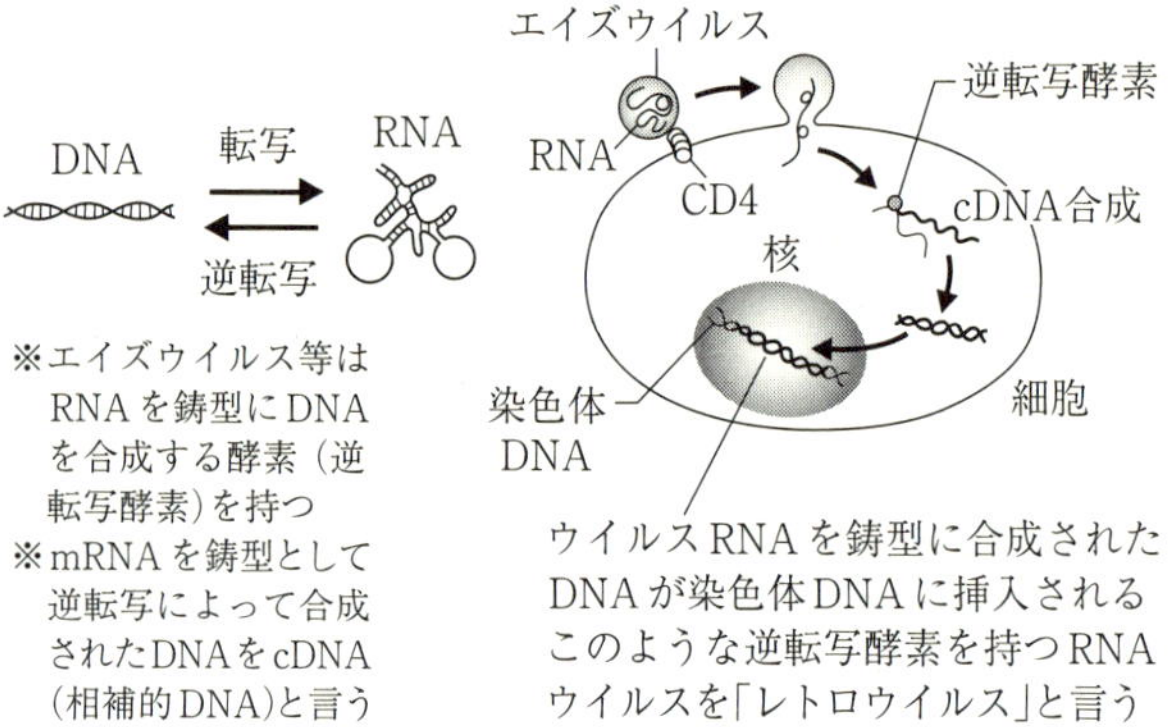

※エイズウイルス等はRNAを鋳型にDNAを合成する酵素（逆転写酵素）を持つ
※mRNAを鋳型として逆転写によって合成されたDNAをcDNA（相補的DNA）と言う

ウイルスRNAを鋳型に合成されたDNAが染色体DNAに挿入される このような逆転写酵素を持つRNAウイルスを「レトロウイルス」と言う

図3―4　逆転写とcDNA

エンサーで解読します。次世代シークエンサーの配列解析能力は莫大で、細胞内にわずかな数しかないRNAでも、解析可能です。このような技術革新により、非コードDNA領域から合成される無数のRNAの実体が解明されるようになったのです。

非コードRNAには、リボソームや転移RNAなどのRNA以外に、「マイクロRNA（miRNA）」や、「低分子干渉RNA（siRNA）」、「Piwi結合RNA（piRNA）」、mRNAによく似た「長鎖非コードRNA（lncRNA）」などが含まれます。非コードRNAの種類は多く、そのかなりが遺伝子発現制御に関わっていると考えられています。後で詳しく説明しますが、「lncRNA」や「siRNA」などはクロマチン修飾の制御や、エピジェネティックな遺伝子発現制御にも関与すると考えられています。

つまり、「ジャンク」のように思われていた領域から大量の機能未知のＲＮＡが合成され、遺伝子の発現を制御し、認識されることもなく消去されている可能性が高いのです。このような状況に研究者が興奮しないわけがありません。ｌｎｃＲＮＡの発見に関わった理化学研究所の林崎良英博士は、二〇〇五年にこの状況を「ＲＮＡ新大陸の発見」と称することで、研究ステージの新たな展開を印象付けました。

短いＲＮＡの遺伝子制御機能

非コードＲＮＡの詳細は他書に譲ることにして、非コードＲＮＡの遺伝子発現制御における役割だけ説明します。ｍｉＲＮＡは二十数塩基対の短いＲＮＡで、ある種の標的遺伝子の発現を特異的に抑制します。ｍｉＲＮＡは我々の体でも多数発現しており、器官形成や発生、疾患発症などと密接な関係があることがわかってきています。

ｍｉＲＮＡとよく似た分子にｓｉＲＮＡがあります。細胞に二本鎖ＲＮＡが入り込むと、二本鎖のＲＮＡ分子が分解されｓｉＲＮＡができます。このｓｉＲＮＡを介して、そのＲＮＡと似た配列を持つｍＲＮＡだけが、特異的に分解されたり、翻訳が抑制されたりします。これを「ＲＮＡ干渉（RNA interference)」、略して「ＲＮＡｉ」と言います。

この現象は、米国のアンドリュー・ファイアー教授とクレイグ・メロー教授らによって一九九八年に発見されました。両博士ともこの現象の発見により、二〇〇六年にノーベル生理学・医学賞を受賞しています。

なお、RNAiの登場により、狙った遺伝子を好きなように変えることが困難な高等生物でも、任意の遺伝子の機能を抑制することができるようになりました。これによって、従来は解析が難しかった、高等生物の遺伝子機能が解析できるようになり、さらにRNAiを利用して、がん遺伝子を不活性化するなど、さまざまな創薬研究が行われています。

RNAiが果たす生物学的機能

二本鎖のRNAが細胞に入ると、その配列を持つRNAの分解や翻訳抑制が起こるというのは、よく考えると不思議な話です。類似の反応系は、単純な単細胞真核生物である分裂酵母にも存在しています。このようなしくみを生物が獲得してきた理由の一つとして、二本鎖RNAをゲノムに持つウイルスが細胞に侵入してきたとき、RNAiのしくみによってその機能を失わせ、ウイルスの感染を防ぐためではないかという考えがあります。

RNAiは、遺伝子発現制御以外のさまざまな生命機能に関わることも知られています。酵母やニワトリの細胞を用いた実験で、「セントロメア」という染色体の構造の形成に、RNAiが必要であることがわかっています。

セントロメアは、細胞分裂の際に染色体を均等に分解するのに不可欠な染色体領域です。この

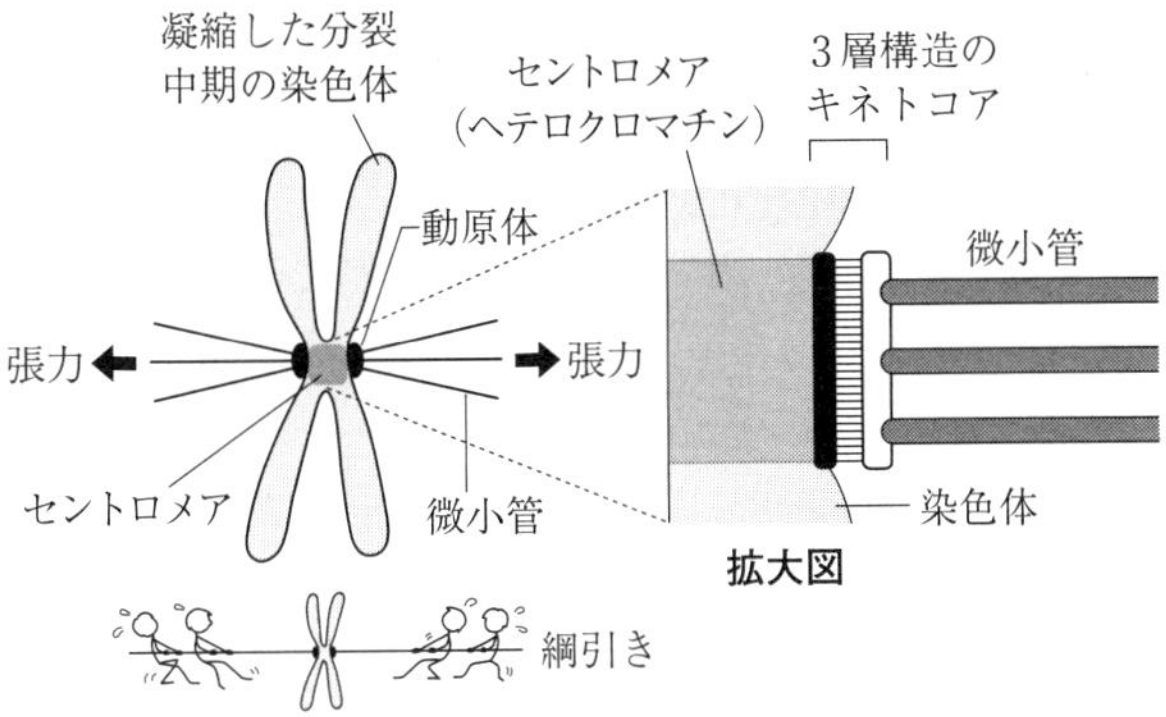

図３—５　セントロメアとキネトコア

セントロメアには、後で詳しく述べますが「ヘテロクロマチン」という凝縮した部分が存在します。

細胞分裂期になるとセントロメアの凝縮したクロマチンを土台にして、「動原体（キネトコア）」という構造が一八〇度正対した位置に二個作られます。動原体には細胞内の両側（両極といいます）に位置する中心体から伸びた微小管が結合し、ちょうど綱引きをするように引っ張られます。この張力により染色体が両極に向かって運動し、染色体分配が行われます（図３—５）。綱引きするときにしっかりと綱を摑んでいないといけませんが、そのための固い土台をセントロメアが提供しているのです。

セントロメアの領域は反復配列と言って、同じ配列が繰り返し並んでいます。面白いことに、この配列は生物種によってかなり異なっています。ヒトの場合は「アルファサテライトＤＮＡ」とか「アルフォイドＤＮＡ」と

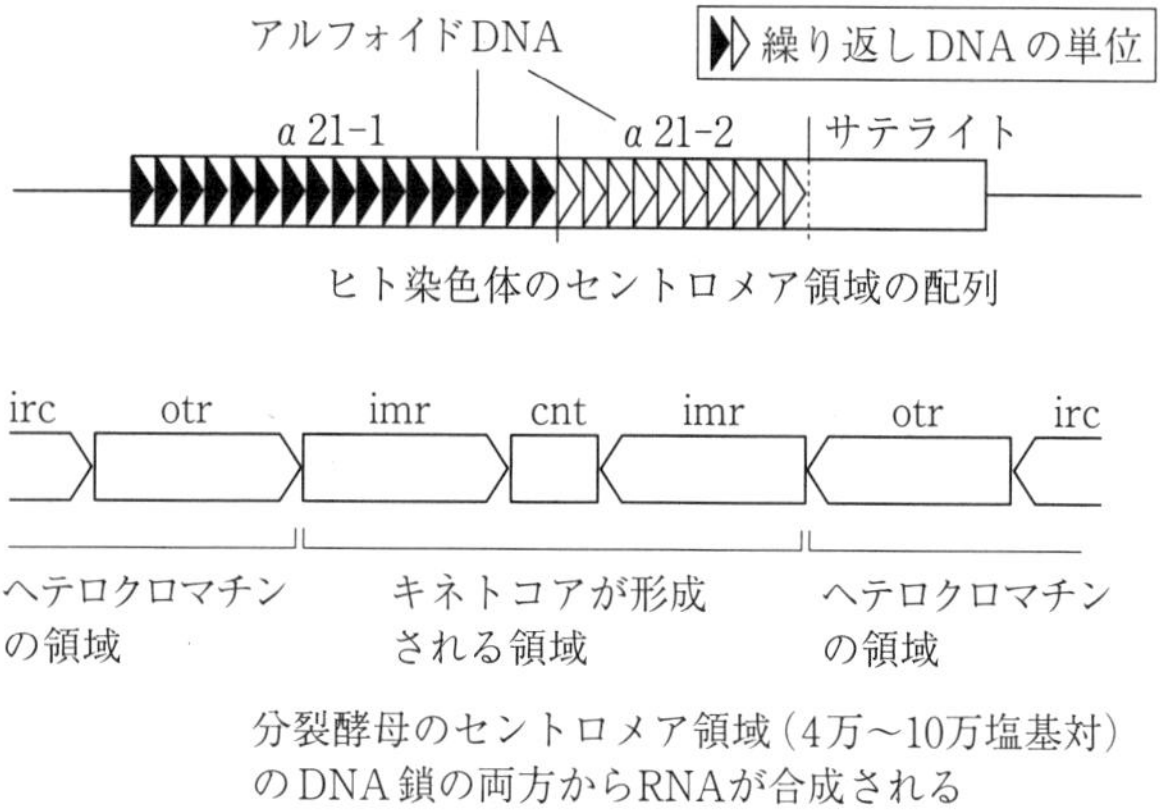

分裂酵母のセントロメア領域(4万〜10万塩基対)のDNA鎖の両方からRNAが合成される

図3—6　セントロメア領域の反復配列　生物種によって配列は異なる

呼ばれる配列が一〇〇万塩基対も繰り返されています。分裂酵母では、これとは異なる配列が四万〜一〇万塩基対にわたって繰り返されています(図3—6)。

分裂酵母のRNAiに関わる遺伝子(たとえば「ダイサー」)を(変異体を用いて)正常に働かないようにすると、染色体の分離に異常が起こります。セントロメアの機能が失われたのです。さらにこの変異株では、セントロメア領域からRNAが合成されていました。このRNAはセントロメア領域のDNAの両方の鎖からそれぞれ転写されています。両方の鎖から合成されたRNAは、お互いに相補的ですので、二本鎖RNAを形成できます。この二本鎖RNAが分解されることでsiRNAが合成され、RNAiが生じるのです。

北海道大学の村上洋太教授らや国立遺伝学研究

対立遺伝子名	表現型など
C	劣性。発色を行う遺伝子。第９番染色体短腕上に存在
C′	*C*の優性変異。発色を抑制する。「色なし」表現型を生む
Bz	優性。紫色に発色させる。第９番染色体短腕上に存在
bz	*Bz*の劣性変異。濃茶に発色させる
Ds	染色体切断の起こる第９番染色体短腕部位の遺伝子
Ac	*Ds*の発現に必要な所在未知（当時）の遺伝子

表3―2　トランスポゾンの発見と関連のある遺伝子のリスト[12]

所の深川竜郎教授らの研究などから、ＲＮＡｉを介してセントロメア領域に局所的に形成されるしくみがわかってきました。具体的には、ＲＮＡを介してヒストンにメチル基などを導入する酵素がセントロメア領域に呼び込まれるというものです。ヒストン修飾はエピジェネティクスの根幹をなす反応です。すなわち、ＲＮＡｉを介したセントロメアの特殊なクロマチンの構築のしくみは、非コードＲＮＡがエピジェネティクスの制御に重要であることを示している一例と考えられます。

染色体上を移り歩く「動く遺伝子」トランスポゾン

ヒトの非コードＤＮＡ領域の中で、最も大きな部分を占めるのは、レトロトランスポゾンやトランスポゾンという転移性因子です（表３―２　詳細は85ページ参照）。転移性因子については、この後のエピジェネティクスの概念を理解する上で大変重要ですので、ここで少し触れておきます。

転移性因子というのは、「動く遺伝子」とも呼ばれるＤＮＡ配列です。「トランスポゾン」と「レトロトランスポゾン」の二種類があります（図３―７）。トランスポゾンは自分自身のＤＮＡをトランスポゼースという

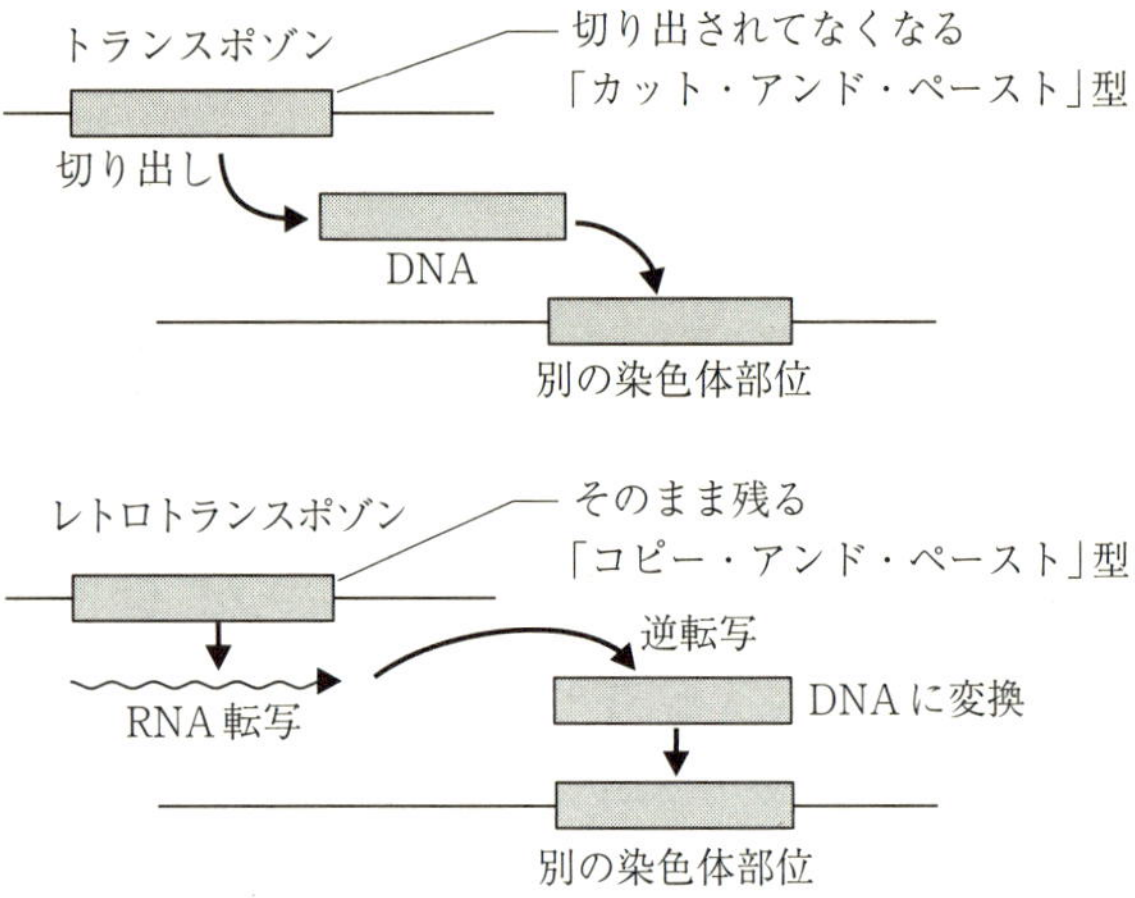

図3—7　トランスポゾンとレトロトランスポゾン

酵素で切り出し、他の染色体部位に挿入する「カット・アンド・ペースト」型の転移性因子です。

レトロトランスポゾン（もしくはレトロポゾン）は、転写されて生じたRNAを鋳型として、逆転写酵素がDNAを合成し、これが別の染色体部位に挿入されることで、染色体上で増えていきます。レトロトランスポゾンは、つまり「コピー・アンド・ペースト」型の転移性因子です。アサガオの花の斑《ふ》入《い》り現象などは、この転移性因子が一つの原因です。また、後ほどエピジェネティクスの項目で紹介する「位置効果」という現象でも、この転移性因子が重要な働きをしています。

トウモロコシ畑のマクリントック女史

転移性因子を最初に報告したのは、米国のロングアイランドにあるコールド・スプリング・ハーバー研究所のバーバラ・マクリントックです。まだ女性がプロ研究者としては大変珍しかった時代に、彼女はキャリアをスタートしました。コーネル大学時代に、トウモロコシの染色体を顕微鏡で観察する研究を行い、一九三一年に親から子にＤＮＡを継承する際に見られる「交叉」という遺伝現象を発見しました。この現象は、モーガンらのショウジョウバエの実験で、遺伝学的に存在が示唆されていた「遺伝的組換え」を、視覚的に実証した非常に重要な仕事です。このような研究法を「細胞遺伝学（cytogenetics）」といいます。マクリントックというと転移性因子の仕事ばかりに注目が集まりますが、実はそれ以前に細胞遺伝学のパイオニアとして十分インパクトのある仕事をしていたのです。

このような画期的な仕事にもかかわらず、マクリントックの身分は不安定なままでした。コーネル大学では安定した身分は得られず、ミズーリ大学でようやく常勤の助手のポストを得ましたが、周囲の人間とうまく折り合いが付かず、一九四〇年に辞職します。そして、生涯の職場となるコールド・スプリング・ハーバー研究所に移りました。しかし、最初に得た職は一年間という期限付きの職でした。

しばらくして、彼女は「常勤研究者」となり、腰を落ち着けて研究に取り組むようになりました。一九四四年には、大変権威のある米国科学アカデミーの会員に選ばれています。研究所で安

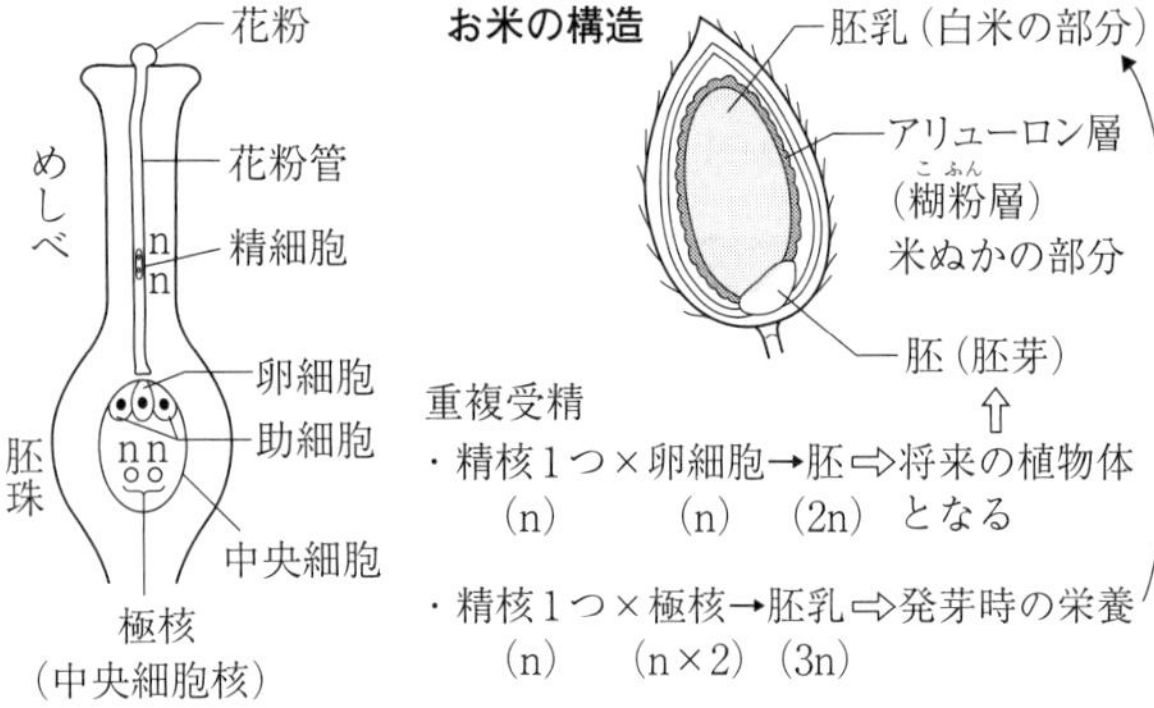

図3―8　被子植物の重複受精

定した常勤のポジションを得ることで、彼女は長期的な視点で研究を続けることができるようになり、転移性因子の大発見につながっていったのです。

マクリントックが用いたトウモロコシは、遺伝学のモデル生物として優れた特質を持っています。トウモロコシの粒一つ一つは全て受精した胚です。したがって、一本のトウモロコシには無数の子が付いているわけです。数がモノを言う遺伝学の実験では、これは非常に有利な性質です。

ただし、トウモロコシの粒の大半は、「胚乳」と呼ばれる部位（白米にしたときの米粒の部分で、無洗米はこの部分まで研米されています）で、その外側に「アリューロン層」（ぬかの部分）という層があり、ここに斑《まだら》のトウモロコシの原因となる色素が沈着します。

トウモロコシのような被子植物では受粉の際に重複受精が起こります。卵細胞は一つの精細胞と受精し、二倍体の胚が生じます。その一方で、別の精子が中央細胞の二個の極核と融合し、種子の胚乳やアリューロン層は「三倍体」（精細胞から一セット＋雌性細胞から二セット）になります（図3—8）。ここら辺が、トウモロコシの遺伝学を複雑にし、マクリントックの遺伝学を理解しにくくしていたようなのです。[12]

斑模様のトウモロコシ

一九四〇年代の中盤、マクリントックは、お得意の細胞遺伝学研究でトウモロコシの染色体を観察するうちに、しばしば第九番染色体の同じ場所が「切断」されることを見出しました。彼女は、この領域に存在する染色体を解離する因子を「ディソシエーター（*Ds*）」、また、この*Ds*を活性化する別の因子を「アクティベーター（*Ac*）」と命名しました。

彼女は、染色体の分断現象と、トウモロコシ穀粒の色模様に関連性があることに気づきました。トウモロコシの穀粒のアリューロン層に、アントシアニンという青色の色素が斑に入る現象があります。この頃には、ロリンズ・エマーソン博士がトウモロコシの斑現象を、「不安定な突然変異」によって生じると説明していました。しかし彼は、なぜ不安定な突然変異が起こるのかは説明しませんでした。マクリントックは、この斑現象が*Ds*や*Ac*を含む四つの遺伝子の働きで説明できることを示したのです（表3—2にマクリントックが用いたトウモロコシの表現型にかかわる四つの遺伝子を示しました[12]。

マクリントックは、*C*と*bz*を有し、*Ds*を欠くホモ接合（両親とも同じ型の遺伝子を持つ個体のこと）の雌性個体（*CCbzbz*-と表記します。-は*Ds*がないという意味です）を、*C'BzDs*をホモ接合で持つ雄性個体（*C'C'BzBzDsDs*）と掛け合わせました。この交配で得られるヘテロ接合（異なる型の遺伝子を持つ個体）は、重複受精を考慮すると、*CCC'bzbzBz*--*Ds*という遺伝子の組み合わせを持つことになります。*C'*は「優性の発色抑制遺伝子」ですので、この個体のトウモロコシの穀粒は全て着色しないはずです。たしかに大部分の穀粒は色なしでしたが、興味深いことに一部の穀粒では、濃茶の点や縞が出現しました。マクリントック博士は、*Ds*の突然変異作用により一部の穀粒で*C'*や*Bz*が失われたと考えたのです。

また、濃茶の縞や点の大きさは、穀粒の分化過程のどの段階で染色体切断が入ったかに依存します。早く切断が入ると、全体が着色したり、点や縞が大きくなります。後半で切断が入ると、点や縞が小さくなります。これは、着色遺伝子が発現する変異が入ってから、穀粒の細胞が何回分裂するかで、着色部分の大きさが決まるからです。さらに、この*Ds*の性質が発揮されるためには、別の*Ac*という遺伝子が必要であることを見出しました。

「動く遺伝子」の発見

一九四八年にマクリントックはさらに驚くべき発見をします。*Ds*と*Ac*の染色体上の位置（*Ds*は本来なら第九番染色体の短腕にあるはずです）を、遺伝学的地図を作って調べたところ、異なるトウモロコシでこれらの遺伝子の位置が違っていることに気づいたのです。

これらのデータをもとに、一九四八年～一九五〇年にかけて、彼女は「動く遺伝要素が遺伝子を選択的に調節する」という新しい理論を構築しました。つまり、*Ac*の存在する個体では、*Ds*が色素遺伝子*Bz*の近くに飛び込むと「色なし変異」となること、逆に*Bz*の近くから*Ds*が飛び出て別の場所に移動すると再び「着色」すること、また発色パターンや程度は、穀粒分化期における「*Ds*の転移時期に依存すること」などを突きとめたのです。

後に、*Ds*や*Ac*は四五〇〇塩基対の配列を持つトランスポゾンであることがわかってきました。また、トランスポゾンが遺伝子の近くに転移すると、その近辺の遺伝子の発現を抑制する現象（「サイレンシング」と言います）は、現在ではエピジェネティクスの機構で説明されています。

彼女は、このような可動性の遺伝要素を、単なる遺伝子と区別して、「コントローリング・エレメント（調節要素）」と呼びました。コールド・スプリング・ハーバー研究所の一九五一年のシンポジウムで、彼女はこの説に関する講演を行いました。そして、コントローリング・エレメントが、発生段階でいろいろな遺伝子を制御すると説明したのです。

巷では、マクリントックの転移性因子の仕事は、学会からほとんど認められなかったとされています。確かに、歴史家のエヴェリン・フォックス・ケラーによれば、彼女の発表は「stony silence（冷酷な沈黙）によって迎えられた」と書かれています。[13]

しかし、実際に参加した人の証言がないので、本当に全く仕事が評価されていなかったのかどうかは不明です。コールド・スプリング・ハーバー研究所の「定期シンポジウムの演者」に選ばれることは、現在でもかなりの名誉なことです。したがって、マクリントックの研究のおもしろさはそれなりに評価されていたと考えられます。おそらく、彼女がコントローリング・エレメントの遺伝子発現制御における役割に重点をおいて話したため、そのときの聴衆の納得を得にくかったのかもしれません。

彼女の転移性因子の発見は、DNAの二重らせん構造の発見よりも以前のことでした。彼女が天才すぎて、少し発見が早すぎたと言えます。メンデルと同じです。その後、大腸菌やその他の生物でいろいろな転移性因子が見つかり、彼女の発見が正しいことが確認されました。

そして、一九八三年にマクリントックはノーベル生理学・医学賞を受賞しました。このとき、彼女は八一歳でした。

エピジェネティクスとマクリントック女史

マクリントックの天才さを示すもう一つの事例として、彼女が提唱したエピジェネティクス制御の概念があげられます。マクリントックは一九五一年の論文[14]で、以下のような文章を残しています。

「分裂して生じる二つの娘細胞は遺伝子の変化に関して同等ではない。分裂後、ある細胞では特定の遺伝子が活性化されるだろうし、別の遺伝子はそこに有りながら不活性化される。このような活性化や不活性化は、遺伝子がクロマチン物質によって覆われているが故に生じる。遺伝子の活性化は、覆われていた遺伝子が露出したときのみ起こるだろう」

この考えは現在のエピジェネティクスの基本的な考え方と全く同じです。六〇年以上も前にこのような考えに到達していたというのは、驚くべきことだと思います。

次の章でエピジェネティクスのしくみの基本である、「遺伝子を覆っている」クロマチン構造について見ていくことにしましょう。

第4章　偽装するDNA

生命の階層性

生物の特質の一つに「階層性」があります。たとえば、生物の構造をミクロのレベルから見ていくと、原子から分子、細胞内小器官（オルガネラ）、細胞、組織・器官、個体、集団・社会、生態系と徐々にスケールが大きくなっていきます（図4―1）。

階層の一番基盤部にあるものが、上位の階層を背後で支配しています。しかし、生物の外見や個性、特質を決めているのは、より上位の階層になります。上位の要素は外部環境に近い存在です。つまり、基盤階層はDNAやタンパク質などの生命の普遍的な物質基礎、上位階層は主として生命と環境の相互作用を含み、生命の多元性やダイナミクスなどを支配すると考えられます。

生命情報の階層性

生命の本質が情報であるという考えを突き詰めると、生命情報の普遍的な物質基盤にも階層性が見えてきます（図4―2）。つまり、DNAに書き込まれている情報が、最も基盤の階層に位置します。このDNAに種々のタンパク質が結合し、後述する「クロマチン構造」が形成され、さらに高次の染色体構造や細胞核構造が構築されます。細胞集団が一定の機能を持つ組織や臓器を作り上げ、脳神経系というさらなる高次な情報処理器官ができます。

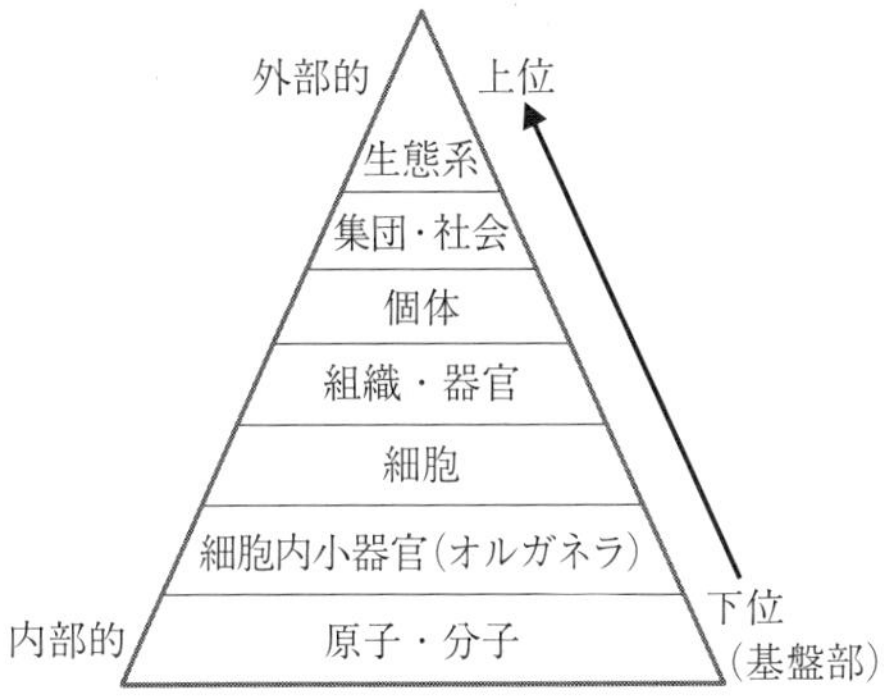

図4―1　生命の階層性と高度化

脳を持つ個体が集団をなして社会を作り、その中で言語や文化を生みだし、子孫にDNA以上の情報を伝えることが可能になりました。現代の人間社会では、さらに人間の外部に情報が拡張していきました。たとえば、コンピューターや電話などの情報伝達・蓄積・処理技術の発達があります。さらには、個々の情報がインターネットを通じてネットワーク化され、ソーシャルネットワーキングサービス（SNS）など、社会知・集合知が大変な勢いで形成されています。

エピジェネティクスを理解する上で、このような生

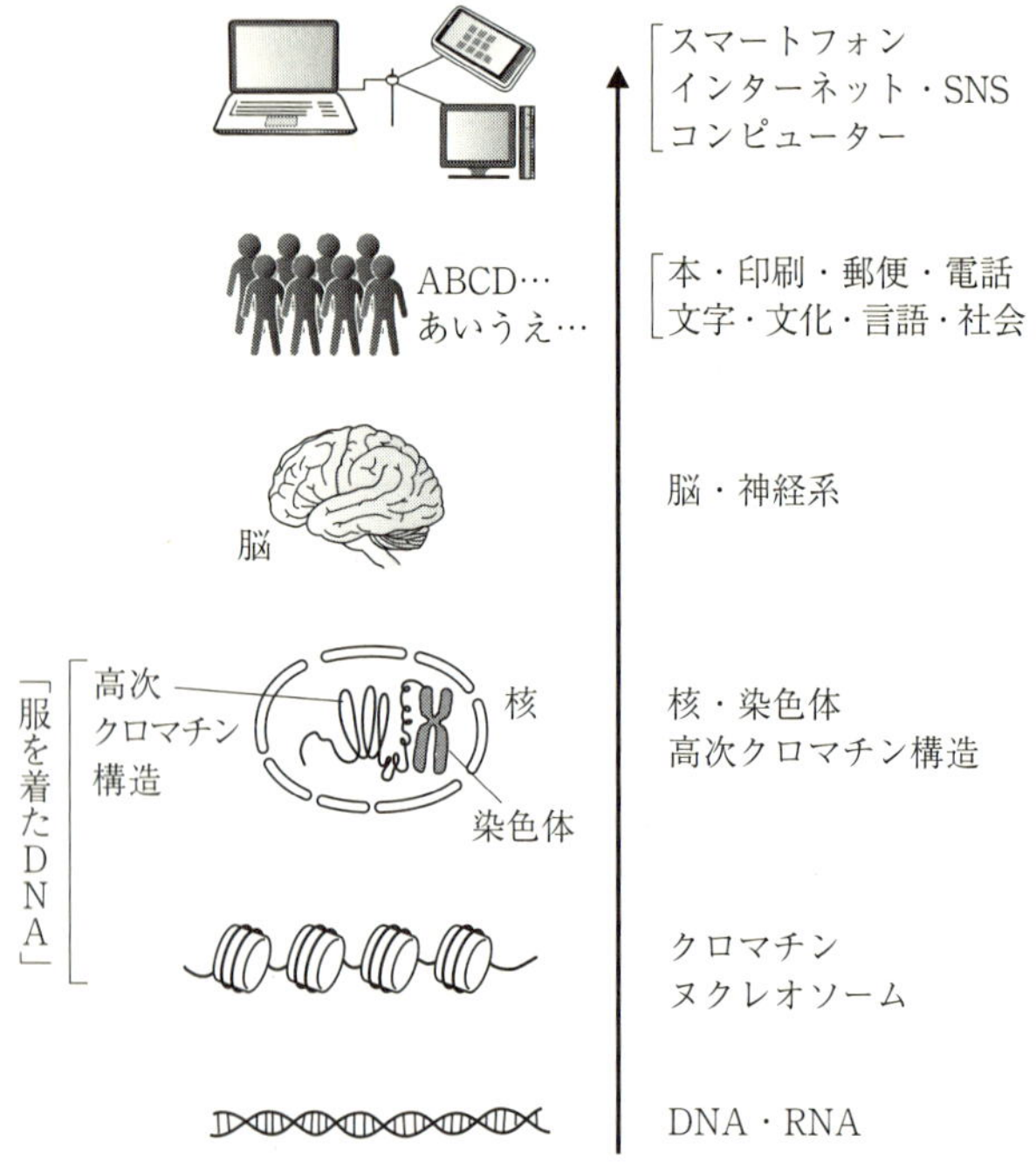

図4—2　生命情報の階層性と高度化

命情報の階層性という概念が非常に重要です。そこで、この章ではまず、遺伝情報の階層性を生み出すクロマチン構造と高次の染色体構造について説明します。

クロマチン

酵母からヒトに至る細胞核を持つ生物のゲノムＤＮＡは、細胞内である種のタンパク質に覆われた状態で存在しています。このような構造を「クロマチン」と呼びます。クロマチンは幾重にも折りたたまれて、より高次の構造を作り、最終的には染色体構造を作ります（図１―２参照）。

染色体の構造は固定的でなく、動的です。細胞分裂のときは、できるだけコンパクトにＤＮＡを圧縮し、娘細胞に分配しやすくします。それ以外のときは比較的緩やかに広がっています。しかし、それでも相当高度に凝縮した状態になっています。そのレベルはどのくらいかというと、二メートルほどもあるゲノムＤＮＡを、その一〇〇万分の一程度の大きさの細胞核に収納できるほどです。

このように、ＤＮＡがクロマチン構造として細胞核の中に密に収納されていると、クロマチン構造を構成するタンパク質がじゃまして、転写因子などのタンパク質がＤＮＡに容易に接近できません。特に、前章のセントロメアのところで取り上げた凝縮したクロマチン構造である「ヘテロクロマチン」では、凝縮度が高いために転写因子がなかなかＤＮＡに結合できず、結果として遺伝子発現が抑制されます。この概念は、前章の最後にマクリントックが提唱したエピジェネティクス制御の考えにかなり近いものです（89ページ参照）。

ヒストンとヌクレオソーム

クロマチンは、すでに述べたとおり、ＤＮＡがタンパク質で覆われた状態になっているものです。クロマチン構造をほどいていくと、やがてＤＮＡ上にビーズのような粒子が連なった細い繊

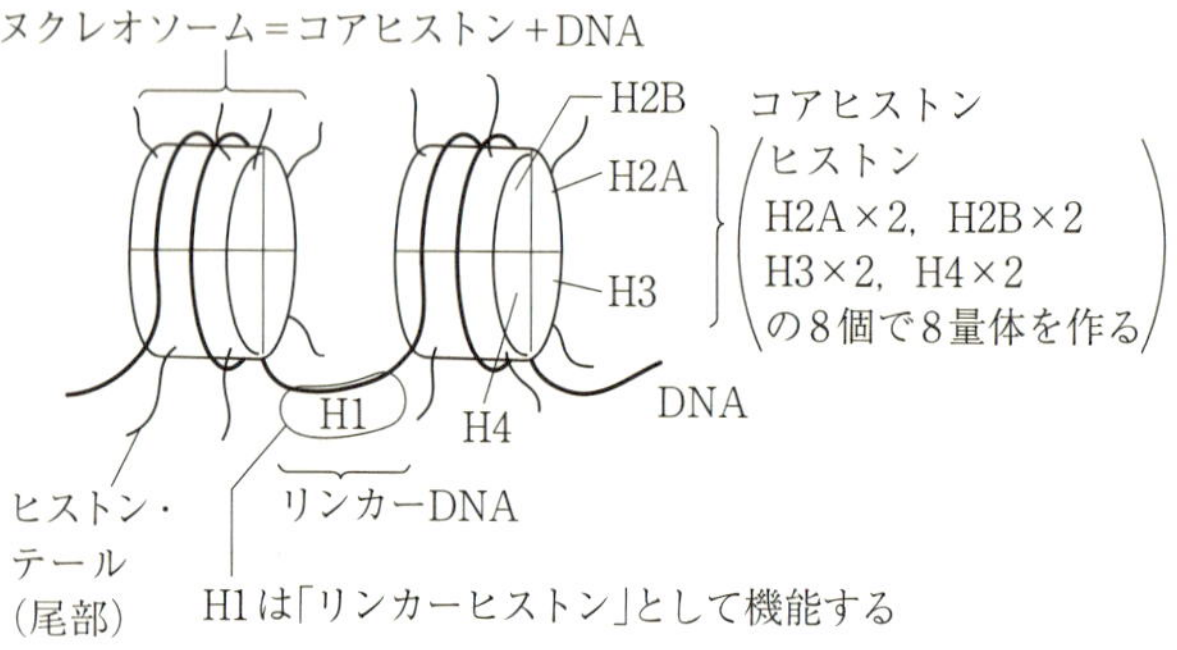

図4—3　ヒストンとヌクレオソーム

維が見えてきます。このビーズ一つとＤＮＡが結合したものを「ヌクレオソーム」といいます。これが、クロマチンの基本単位です。

クロマチンを構成している代表的な構成タンパク質をヒストンといいます。ヒトの場合、一般的なヒストンには、Ｈ１、Ｈ２Ａ、Ｈ２Ｂ、Ｈ３、Ｈ４の五種類があります。これらはいずれも分子量がそれほど大きくなく、リシンやアルギニンといった塩基性のアミノ酸が多く含まれていています。ＤＮＡは酸性の性質を持っているので、プラスとマイナスの電気的な相互作用によってヒストンとくっつきやすい構造になっています。

ビーズとビーズの間はリンカーといい、ヒストンのうちＨ１が結合します。残りのＨ２Ａ、Ｈ２Ｂ、Ｈ３、Ｈ４は、それぞれ二個ずつ、合計八個のヒストンが集まって、円盤状のヒストン八量体（コアヒストン）を形成していいます（図４—３）。ＤＮＡは、ヒストン八量体の周囲に一・

七五回転分巻き付いた状態で結合しています。

それぞれのヒストンのアミノ末端（最初に翻訳されるタンパク質部分）には、「ヒストン・テール」といって、構造が不定な領域がぶら下がっています（図4―3）。この部分には、リシンやアルギニン、セリンなどのアミノ酸が存在し、しかもその周辺の配列が生物種で保存されています。これらのアミノ酸には、後ほど説明するアセチル化やメチル化などのヒストン化学修飾が行われます。

クロマチンには、このほかに非ヒストン・タンパク質や、転写制御因子やDNA複製・修復・組換えなどに関与する多数のタンパク質が結合しています。これらのタンパク質が密集してDNAにくっついているので、実際には相当密度の高い塊のようになっているはずです。

陰と陽のクロマチン

クロマチンには陰と陽の二つのタイプがあります。陰は「ヘテロクロマチン」で遺伝子発現が抑制されます。陽は「ユークロマチン」といい、活性な遺伝子が多く含まれます。ヘテロクロマチンは電子顕微鏡で観察した際に、凝縮した電子密度の高い構造として観察されます。ヘテロクロマチンに含まれるDNA配列の多くは「繰り返し配列」や「反復配列」です。ヒトの細胞では、レトロトランスポゾンや、テロメア、セントロメアなどの繰り返し配列の多い領域は、一般的にヘテロクロマチンになっています。

ヘテロクロマチンは、DNA上を横方向に拡大していく傾向があります。哺乳類の雌では、二本あるX染色体(性染色体です)のうち片方で遺伝子発現が抑制されています。この現象を「X染色体の不活化」と言います(X染色体の不活化の遺伝学的な影響や、生成メカニズムについてはもう少し後で説明します)。ヘテロクロマチンは、不活性化されたX染色体の一点から両方向にどんどん拡大し、全長がヘテロクロマチン化されるのです。

クロマチンの仕切り——インスレーター

X染色体以外の染色体でも、ヘテロクロマチン化されている箇所があります。たとえば、すでに述べたセントロメア領域や、染色体の末端部であるテロメア領域などです。しかし、X染色体のように全長がヘテロクロマチンになってしまうことはありません。一つには、ヘテロクロマチンが拡大するのを阻止するDNA配列要素があるからです。そのような配列要素が、すでに取り上げた「インスレーター」(障壁配列)」です(図4─4)。

インスレーターはヘテロクロマチンの拡大を阻止するだけでなく、「ユークロマチン」の区画を形成する重要な役割もしています。真核生物の遺伝子発現制御には、「制御ドメイン」というものがあります。器官形成や細胞分化の際に機能するラクシャリー遺伝子群のように、一つのまとまりになって協調的に遺伝子発現を制御しています。インスレーターはそのような制御ドメインの区分も行います。

遺伝子発現制御に関わる配列要素の一つに、遠隔作用を持つエンハンサーという配列があることは、すでに述べました（第3章参照）。エンハンサーは一万塩基対以上離れた場所にも作用します。しかし、エンハンサーの作用は制御ドメイン内部に限定されている、つまりインスレーターは、クロマチンの陰と陽の境界を定める重要な「遺伝子の塀」の機能を果たしているわけです。

インスレーターで染色体どうしの相互作用も遮蔽される

実際、インスレーター配列の周辺で、染色体ＤＮＡ間の相互作用が遮蔽されていたのです。また、後述するヒストン修飾のパターンも、インスレーター配列を境に、大きく変わることがわかっています。インスレーター配列は、細胞核内部の染色体ＤＮＡの三次元構造や、エピゲノム修飾の仕分けに関わっているのです。ちなみに、ヒトの場合、「ＣＴＣＦ」というタンパク質がCCCTCというヌクレオチド配列を持つインスレーター領域のＤＮＡに結合し、そこで障壁作用を示します（図4―4）。

以上のように、インスレーターは遺伝子発現制御に重要な役割を果たしているのです。そのた

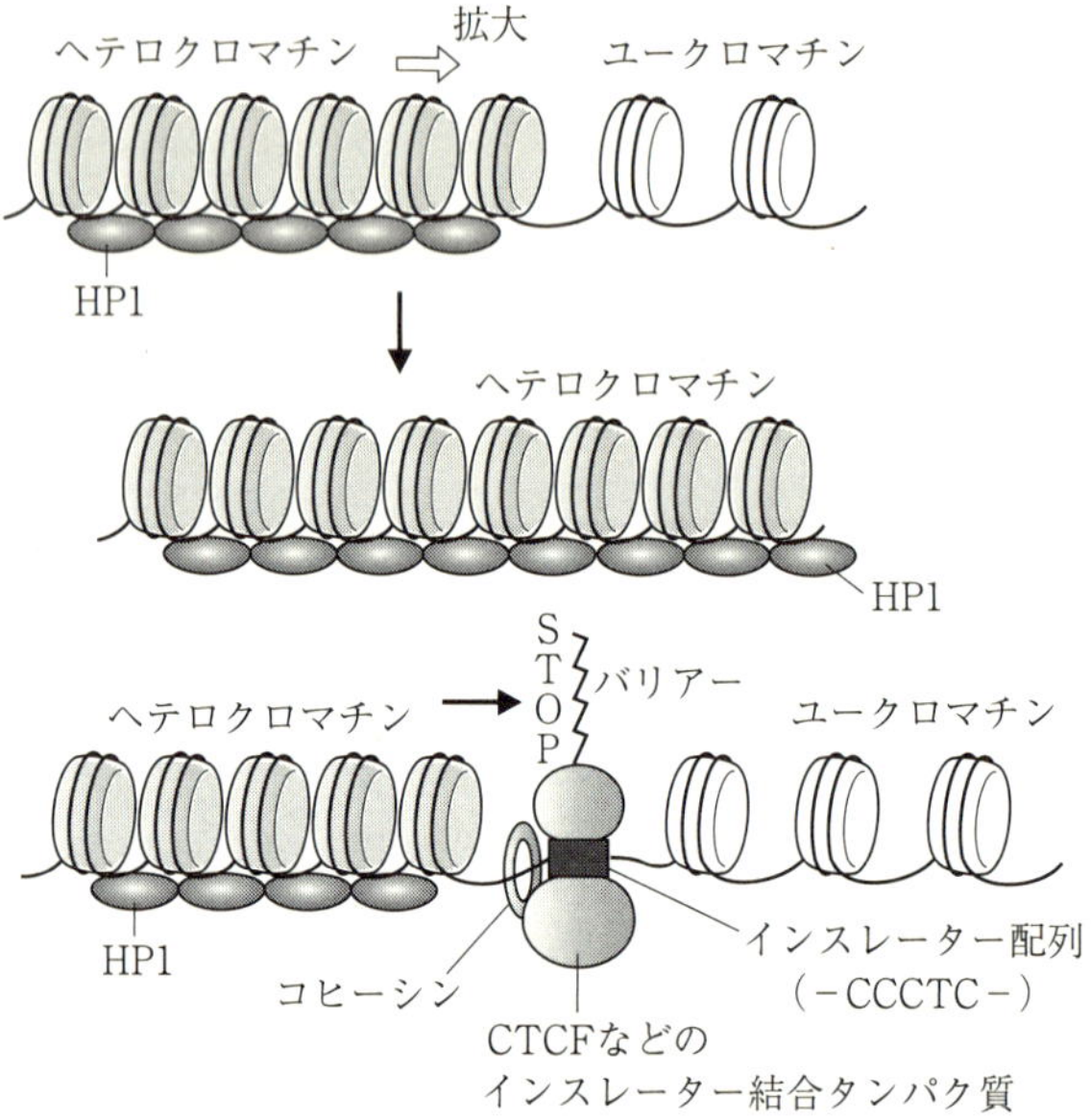

図4―4　インスレーター配列の周辺で、染色体DNA間の相互作用が遮蔽される

め、インスレーターの機能が欠損すると、いろいろな遺伝子疾患が生じることになります。

コヒーシンとインスレーター

複製された染色体（姉妹染色分体）のDNAを束ねて連結する「コヒーシン（姉妹染色分体接着因子）」というタンパク質があります。ヒトゲノムの場合、CTCFの結合箇所の大半は、コヒーシンが結合する場所と重なっています（図4―4）。コヒーシンはインスレーターの機能にも重要で、この機能が欠損すると遺伝子発現の区分けがうまくいきません。ヒトゲノムDNAの中には、このような場所が一万三〇〇〇ヵ所ぐらいあることが、東京大学の白髭克彦教授やキム・ナスミス博士らの研究グループによって明らかにされています。

コヒーシンの先天的な異常に伴う疾患に、「コルネリア・デ・ランゲ症候群」や「ロバーツ症候群」というものがあります。数万人に一人の割合で見られる遺伝性小児疾患で、低身長、手足の発生異常や多毛症、臓器の形成異常、発達遅滞などが見られます。コヒーシンが欠損することで遺伝子区分が乱され、発現プログラムの異常が生じていることが考えられます。

第5章　DNAの変装法

この章では、いろいろな遺伝子やタンパク質の名前が登場します。これは初心者にとっては、読むのがつらくなるかもしれません。しかし、ここで登場する遺伝子や、それが生み出すタンパク質は、いずれもエピジェネティクスという舞台で活躍する「主役級の役者」です。芝居を楽しむためには、そのキャストや役割を知っておく必要があるように、ここはエピジェネティクスを理解するための役者たちのお披露目の場と思って、少々お付き合いください。

クロマチンの「潮目」

ヘテロクロマチンとユークロマチンの境界の分け方には、別の方法もあります。その方法とは、ヘテロクロマチン化の要素とユークロマチン化の要素がせめぎ合って境界が形成されるというものです。ちょうど「黒潮」と「親潮」がぶつかって「潮目」ができるように、境界が生じるというものです。陰と陽のせめぎ合いが起こるしくみについては、「ヒストンの化学修飾」とい

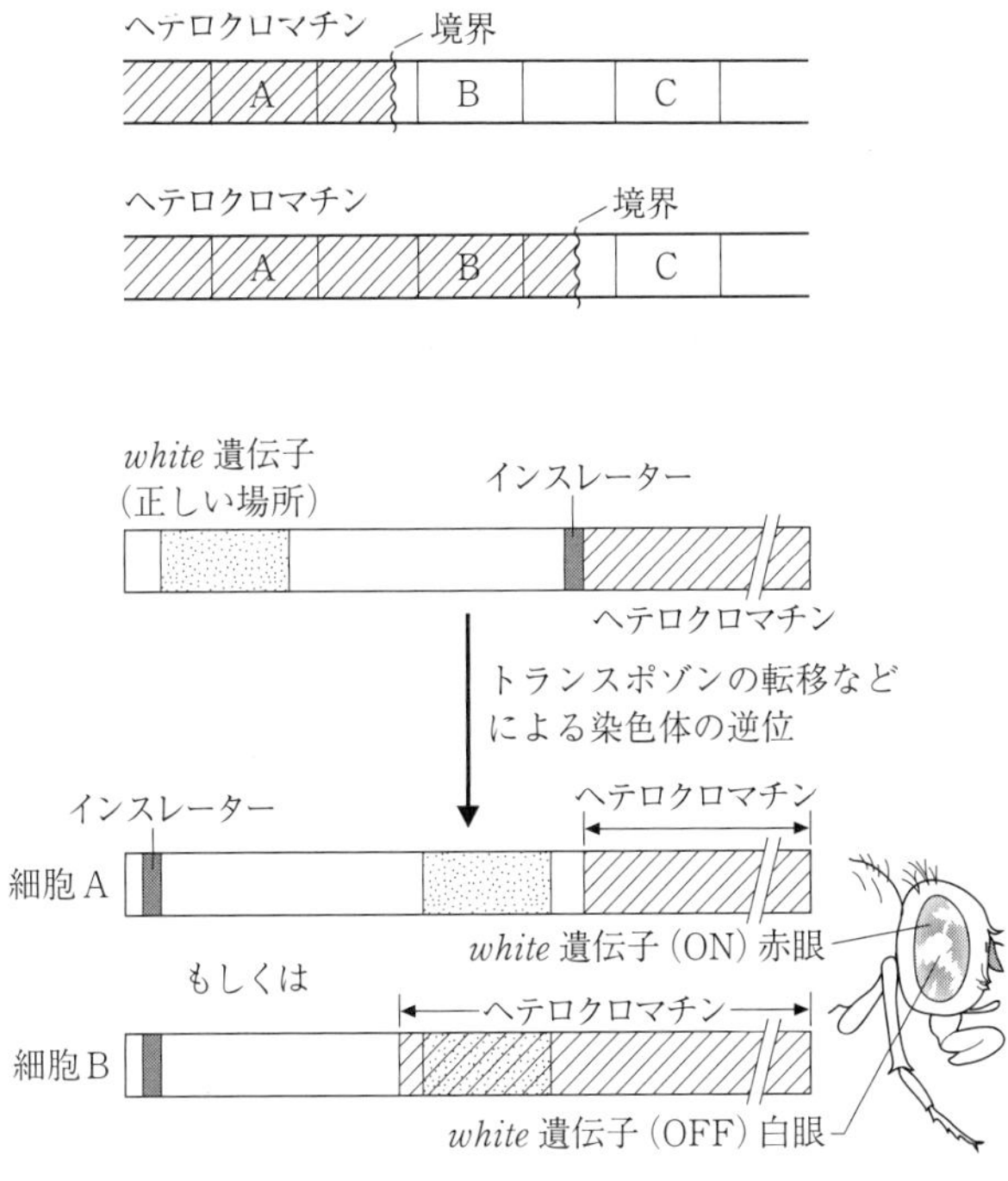

図５―１　位置効果（ポジション・エフェクト・バリエゲーション）

う概念を理解する必要がありますが、後ほど詳しく説明することにして、ここでは概略だけ説明します。

陰と陽のクロマチンのせめぎ合いによってヘテロクロマチンの境界が生じる場合、その境界部位はかなり変動的です。「潮目が変わる」という言葉があります。漁などをする際に、潮目が変わると捕れる魚の種類も量も変わってくると言われています。

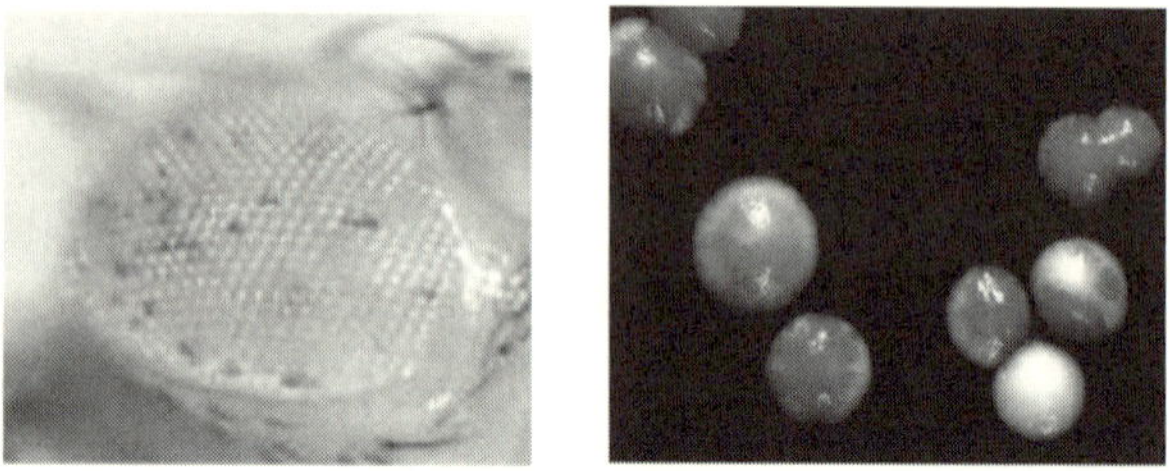

図5—2　ショウジョウバエの眼（左）と酵母細胞の位置効果（右）　Pal-Bhadra et al.(2004) *Science* 303,669-672 Ayoub,N. et al.(2000) *Genetics* 156,983-994

クロマチンの状態も潮目が変わるように変化することがあります。ある細胞では遺伝子Aと遺伝子Bの間に境界がありますが、別の細胞では遺伝子Bと遺伝子Cの間に境界ができたりします（図5—1上）。確率的に境界が変動するのです。このとき、遺伝子Bの発現を見てみると、前者の細胞では発現がオン、後者の細胞では発現がオフになります。つまり、同じ遺伝子でも細胞ごとにオンになったり、オフになったりするのです。

紅白斑模様のショウジョウバエの眼

モーガンの実験で登場したショウジョウバエが、この現象の研究でも重要な役割を果たしました。ショウジョウバエの変異体には、「逆位」といって一部の染色体領域がひっくり返っているものがあります。この際、ショウジョウバエの特徴でもある、眼の色を赤くする*white*遺伝子を含む領域が逆位するケースがあります。その場合、ショウジョウバエの眼の色が斑模様になります[18]（図５―２右）。

この現象は以下のように説明ができます。通常の染色体では、*white*遺伝子はインスレーター配列の外側にあり（図５―１下）、ヘテロクロマチン領域に入ることはありません。したがって、必ず発現します。

ところが、図５―１下の逆位したケースではインスレーター配列が落ちてしまい、*white*遺伝子がヘテロクロマチンの近傍に移動します。この際、*white*遺伝子の近くのヘテロクロマチン領域の境界は、「潮目のメカニズム」で確率的に決まるようになります。

すると、ある眼の細胞では*white*遺伝子がオンになり、別の細胞ではオフという状態になります。ショウジョウバエの眼は複眼ですが、それぞれの眼の細胞で*white*遺伝子がオンになったりオフになったりするのです。このような理由で、ショウジョウバエの目が赤白の斑模様になるわけです。このような、遺伝子の位置によって細胞ごとに発現状態が異なる現象を、「位置効果（ポジション・エフェクト・バリエゲーション）」と言います。位置効果は、かなり普遍的な現象で、ヒトから単純な真核生物である酵母まで広く見られます。

図５―２左は、酵母の位置効果を示す写真です。酵母のセントロメア領域の近くに遺伝子があると、セントロメアのヘテロクロマチン領域の長さに応じて、その遺伝子の発現が細胞ごとにオンになったりオフになったりします。図の酵母細胞は、ある栄養素が不足すると赤くなる遺伝子

変異を持っています。この細胞のセントロメア領域に変異のないタイプの遺伝子が挿入されていて、セントロメアでこの遺伝子がオンになるとコロニーが白、オフになると赤くなるしかけがしてあります。この細胞のセントロメア領域でも位置効果が生じ、ある細胞ではこの遺伝子はユークロマチンをとって発現し、その場合細胞は白くなります。一方、ヘテロクロマチンがこの遺伝子の領域まで伸長している細胞では、遺伝子が不活性化されて、赤い細胞になります。酵母が寒天培地上で増える過程で両状態の転換が起こると、酵母のコロニーがショウジョウバエの眼のように赤白斑模様（正確には縞模様）を示すのです。

位置効果を打ち消す「遺伝子変異」

本来なら眼が赤白の斑になるショウジョウバエの変異体で、位置効果が見られなくなるものがあります。もう一つ遺伝子の異常が加わることで、その赤白斑の眼色という表現型が打ち消され、正常なショウジョウバエのように赤い眼に戻るのです。このような一つの遺伝子の欠損を補うような第二の遺伝的変異のことを、「サプレッサー（抑制）変異」と呼びます。

ショウジョウバエの位置効果のサプレッサー変異をいろいろ集めていくと、興味深いことがわかってきました。変異の入った遺伝子を調べると、たとえば「HP1（ヘテロクロマチンタンパク質1）」というタンパク質を作る遺伝子であることがわかりました。

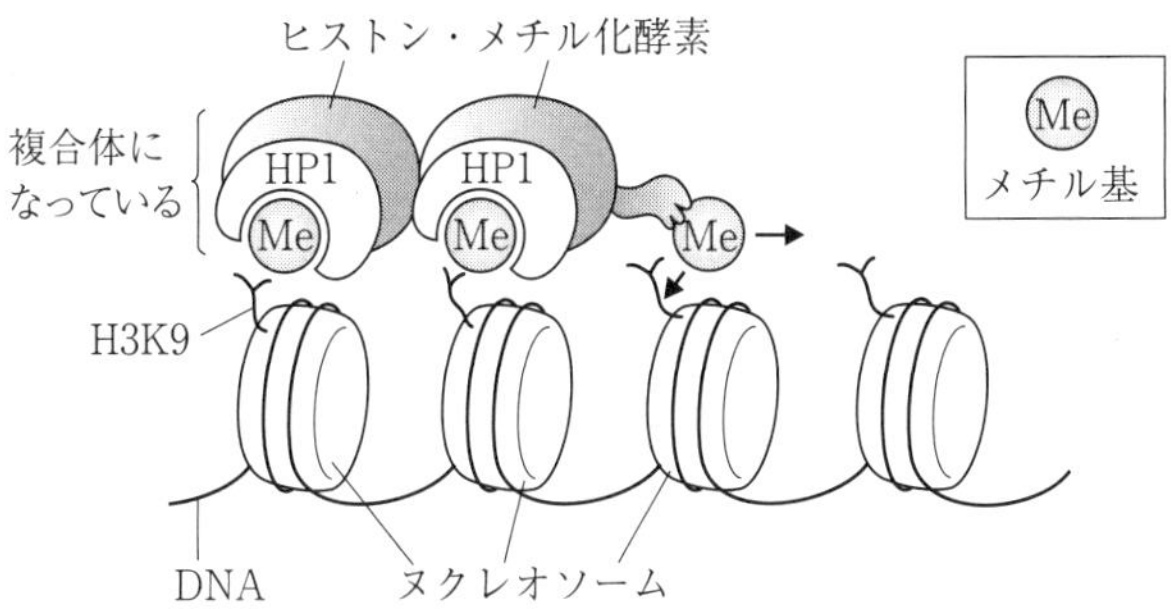

図５―３　HP1はH3K9にメチル基がつくとヒストンに強く結合する性質を表す

ＨＰ１は、ヘテロクロマチンの形成に関与する因子です。このＨＰ１のヘテロ変異体では、ＨＰ１の機能が弱っているため、ヘテロクロマチン化の力が減少してしまうのです。そのような状況において、ヘテロクロマチン化とユークロマチン化のせめぎ合う場所では、ユークロマチンが優性になります。そして、通常の細胞では位置効果が生じるような遺伝子部位でも、ユークロマチン化しやすくなり、眼の色が常時赤くなるのです。

ヒストンのメチル化がヘテロクロマチンを生み出す

ＨＰ１とは別のサプレッサー変異も、位置効果やヘテロクロマチンの形成機構に関して、非常に重要な情報を提供します。あるサプレッサー変異では、ヒストンにメチル基を転移する酵素（「ヒストン・メチル化酵素、ＨＭＴ」）の変異で位置効果が異常になったので、ヒストンのメチル化がヘテロクロマチンに重要な役割を果たしていたことがわかりました。このヒストン・メチル化酵素は、分裂酵母からヒトまで種を超えて普遍的に機能しています。

分裂酵母でこのヒストン・メチル化酵素の機能を明らかにしたのは、米国のシブ・グレワルの研究室でポスドクをしていた名古屋市立大学（当時米国コールド・スプリング・ハーバー研究所）の中山潤一准教授です。二〇〇一年に彼は、ヒストンH3の九番目のリシン残基（「H3K9」と表記します）が、ヘテロクロマチン中で特徴的なメチル化を受けていることを発見しました（図5—3）。

さらに、H3K9がメチル化されると、そこにHP1が特異的に結合することを見出しました。つまり、ヒストン・メチル化酵素の一種が、H3K9を特異的にメチル化し、これを目印にヘテロクロマチン化を行うHP1が結合することで、染色体のある特定部分がヘテロクロマチンになるということを明らかにしたのです。

エピジェネティクスを理解する上で、このようなヒストンの残基特異的な修飾が非常に重要です。次に、ヒストンの化学修飾について見ていきましょう。

重要情報が書き込まれる「ヒストンのテール部」

四種類のヒストンが集まって、円盤状の「コアヒストン」という八量体を作ることはすでに述

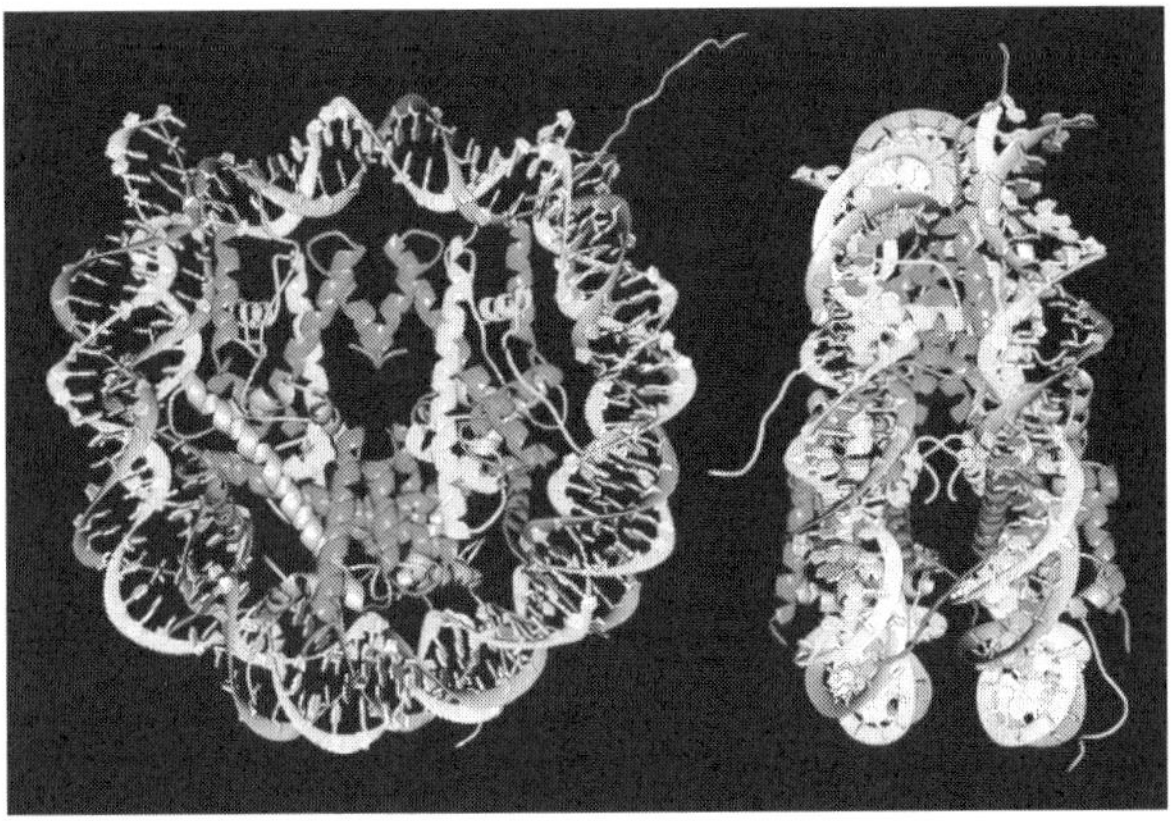

図5―4　ヒストンとヌクレオソームのX線構造解析した画像[19]

べたとおりです。ヒストンとDNAからなる「ヌクレオソーム」のX線構造解析の結果を図5―4に示します。[19] DNAは円盤の縁のところに巻き付いていています。各ヒストンは「ヒストン・フォールド」というDNAをぐいっと湾曲させて結合する特徴的な構造をしています。

よく見ると、円盤からヒョロヒョロとヒゲのようなものが伸びているのがわかります。この部分が「ヒストン・テール」で、各ヒストンのN末端部分に対応します。通常この部分は決まった構造をしていません。

私が大学院生の頃は、ヒストンはDNAにまとわりついて保護的役割をするタンパク質で、染色体の凝縮や脱凝縮ぐらいの機能しか持っていないと考えられていました。ところが、この二〇年ぐらいで認識が変わり、遺伝子発現にかなり積極的

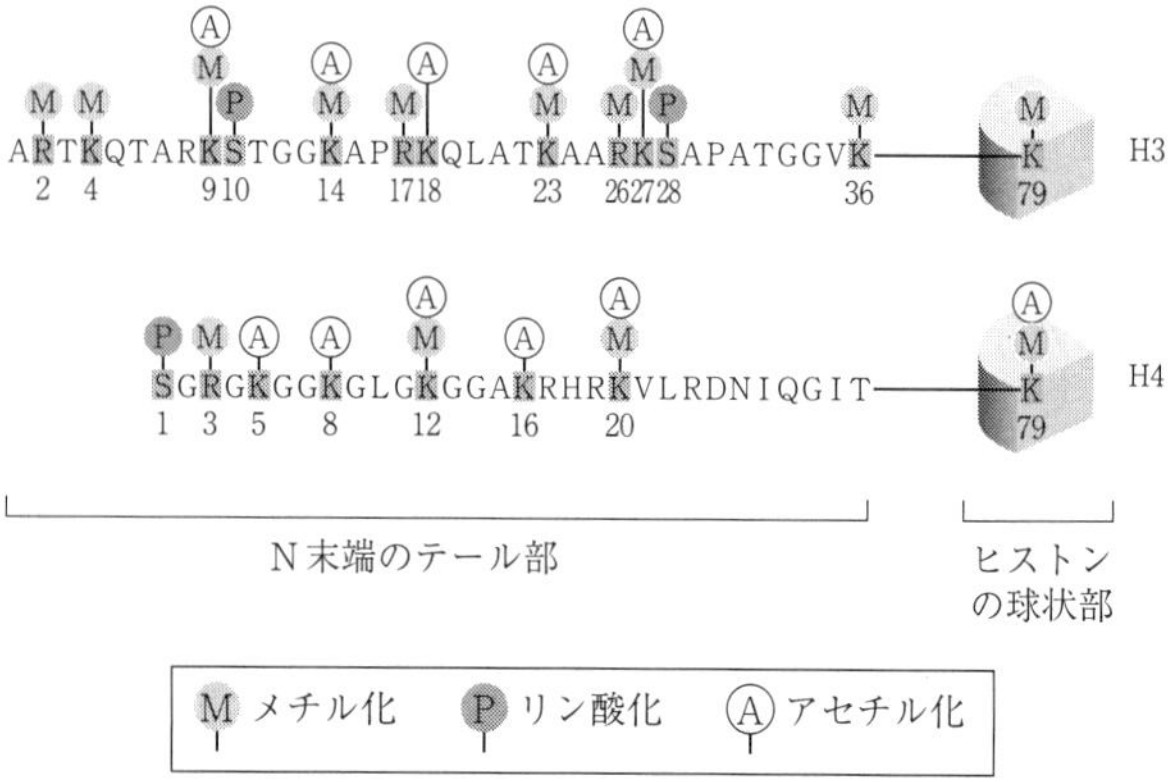

図5―5　エピジェネティクスを制御するヒストンの化学修飾

な役割を果たすタンパク質として注目を集めるようになっています。ヒストンは単なるDNAの飾りではなく、「ユニットタイプの遺伝子制御装置」と考えた方がよいかもしれません。

そのきっかけは、転写を制御するタンパク質の一部が、ヒストン・テール部分にさまざまな「化学修飾」を施すメカニズムがわかってきたからです。ヒストン・テール領域のアミノ酸配列は、種間でかなり保存されています。この部分には、塩基性のリシンやアルギニン、またセリン、スレオニンなどが含まれます（図5―5）。

リシン残基にはアセチル基やメチル基、種間で非常に保存されている小さなタンパク質であるユビキチンやSUMO（低分子ユビキチン様分子）が結合します。アルギニン残基にはメチル基、セリンやスレオニンにはリン酸基が結合します。このことか

修飾タイプ	ヒストン上の修飾部位		修飾酵素			認識分子・モジュール	役割
			出芽酵母	分裂酵母	哺乳類		
メチル化	H3	K4	Set1	Set1	MLL, Set9/7など	クロモドメインPHD, WD40	活性な遺伝子
	H3	K9	なし	Clr4	Suv39h G9a	クロモドメインHP1	遺伝子発現の抑制
	H3	K27	不明	不明	Ezh2	Ezh2, G9a	遺伝子発現の抑制
	H3	R2, 17, 26	不明	不明	CARM1	不明	活性な遺伝子
アセチル化	H3	K9	SAGA (Gcn5)	SAGA (Gcn5)	Gcn5, PCAF	ブロモドメイン	活性な遺伝子
	H3	K14	SAGA, NuA4, Sas3	SAGA (Gcn5)	p300, CBP	ブロモドメイン	活性な遺伝子
リン酸化	H3	S10	Snf1	不明	PIM1	ブロモドメイン	活性な遺伝子
ユビキチン化	H2B	K120/123	Rad6, Bre1	Rad6	UbcH6 RNF20/40	COMPASS	活性な遺伝子

表５—１　代表的なヒストンの修飾酵素とその修飾部位・機能

ら、ヒストンが単なるＤＮＡの飾りではないことがおわかりいただけるでしょう。表５—１に、各残基に見られる化学修飾をまとめておきます。

繊毛虫とヒストンのアセチル化

ヒストン修飾に関しては、やはり一九九六年にデイヴィッド・アリス教授らが「テトラヒメナ」という微生物を用いて行った研究が有名です。テトラヒメナは、単細胞の真核生物で、体中というか細胞中に繊毛が生えていて、毛むくじゃらです（図５—６）。この繊毛を水中で動かして、泳ぐわけです。このテトラヒメナは、テロメアや、リボザイムの研究でノーベル賞に結びつく非常に重要な成果をもたらした生物です。

アリス教授らは、テトラヒメナの遺伝子から転写と関連のある「ヒストン・アセチル化酵素」（HAT、「ハット」と発音します）を単離し、アミノ酸配列を決定しました。その結果、この因子が「Gcn5」という出芽酵母の転写調節に関わるタンパク質によく似ていることを見出しました。彼らは、Gcn5タンパク質を大腸菌で合成し、このタンパク質にもヒストン・アセチル化酵素活性があることを示したのです。このGcn5というHATは、酵母ではストレス応答遺伝子など、いろいろな遺伝子の発現に関与しており、ヒトにも同じような配列を持つGcn5と呼ばれる遺伝子があることがわかっています。これも、ヒストンをアセチル化する活性作用を持っています。

仲介因子とヒストンのアセチル化

同じ一九九六年、ハーバード大学の中谷喜洋教授（当時米国国立衛生研究所）らは、転写の「仲介因子（コアクチベーター）」（図3—1参照）であるp300／CBPというタンパク質が、ヒストン・アセチル化酵素活性を有することを明らかにしました。真核生物の遺伝子発現には、RNAを合成する「RNA合成酵素（RNAポリメラーゼ）」に加え、転写プロモーター領域に存在するＤＮＡ配列（コア・プロモーター）に結合する「基本転写因子」が必要です。この基本転写因子の必須因子である「ＴＦＩＩＤ」は、エンハンサーなどの転写制御配列に結合する転写活性化因子と大きな複合体を作り、これが土台になってＲＮＡ合成酵素が転写を開始します。

この際、自らはＤＮＡに結合しないのですが、基本転写因子と転写活性化因子の双方に結合し、両者を取り持つアダプターのはたらきをするのが、ｐ３００／ＣＢＰのような仲介因子なのです。ちなみに、二日酔いを防ぐというウコンですが、その主成分であるクルクミンはｐ３００／ＣＢＰの機能を阻害するはたらきがあるようです。

さらに中谷らは、別の仲介因子である「ＰＣＡＦ」のクローニングを行い、このタンパク質が「Ｇｃｎ５」と非常によく似ていることを見出しました。Ｇｃｎ５はＨＡＴなので、ＰＣＡＦについてもＨＡＴ活性を調べたところ、実際にヒストンをアセチル化する機能を持つことが確認されました。この成果により、転写調節とヒストン・アセチル化の関係が、普遍的な原理として存在していることが示されたのです。

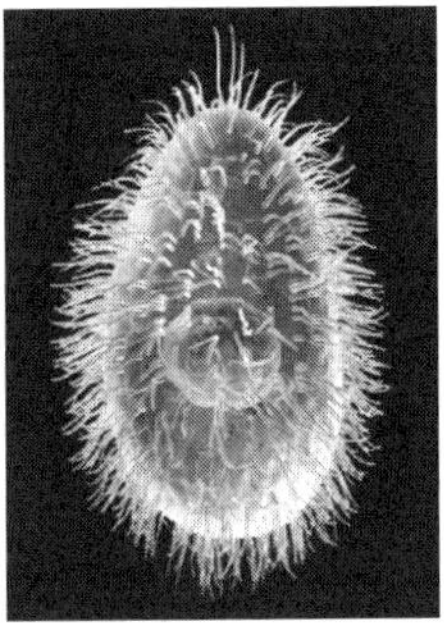

図5―6　毛むくじゃらな「テトラヒメナ」（提供／原口徳子教授）

現在までに、多数のＨＡＴが同定されていますが、これらの多くはヒストン上の複数の異なる残基をアセチル化します。したがって、HATは酵素としては、それほど厳密にアセチル化する場所を選ばなくてもよいのです。この緩い「基質特異性」により、一つのHATが機能を失っても、他のHATがその機能をある程度代替することが可能になります。これにより、ヒストン・アセチル化のシステムが、変化に対する堅牢性を有するようになったと考えることもできます。

同じ場所に起こる相反的なヒストン修飾

Gcn5はヒストン上のいろいろな残基をアセチル化します。その中の一つにヒストンH3のN末端から九番目のリシン「H3K9」があります。H3K9は、ヘテロクロマチンの形成に関わるメチル化（106ページ参照）に加え、アセチル化も受けるのです。

転写活性の高い遺伝子のプロモーター周辺では、H3K9の多くがアセチル化されています。ここで注目すべき点は、H3K9がアセチル化されると、転写が活性な状態になるということです。つまり、スイッチのオンとオフの役割を果たす二種類の修飾が、ヒストン上の同じアミノ酸残基に施されるわけです。H3K9という一つの残基が、アセチル化・未修飾・メチル化の三つの状態のいずれかを取ることで、周辺のクロマチン環境を転写に適した状態にしたり、逆に抑制的な状態にするのです（図5—7）。このようなしくみで、クロマチンが活性状態、もしくは不

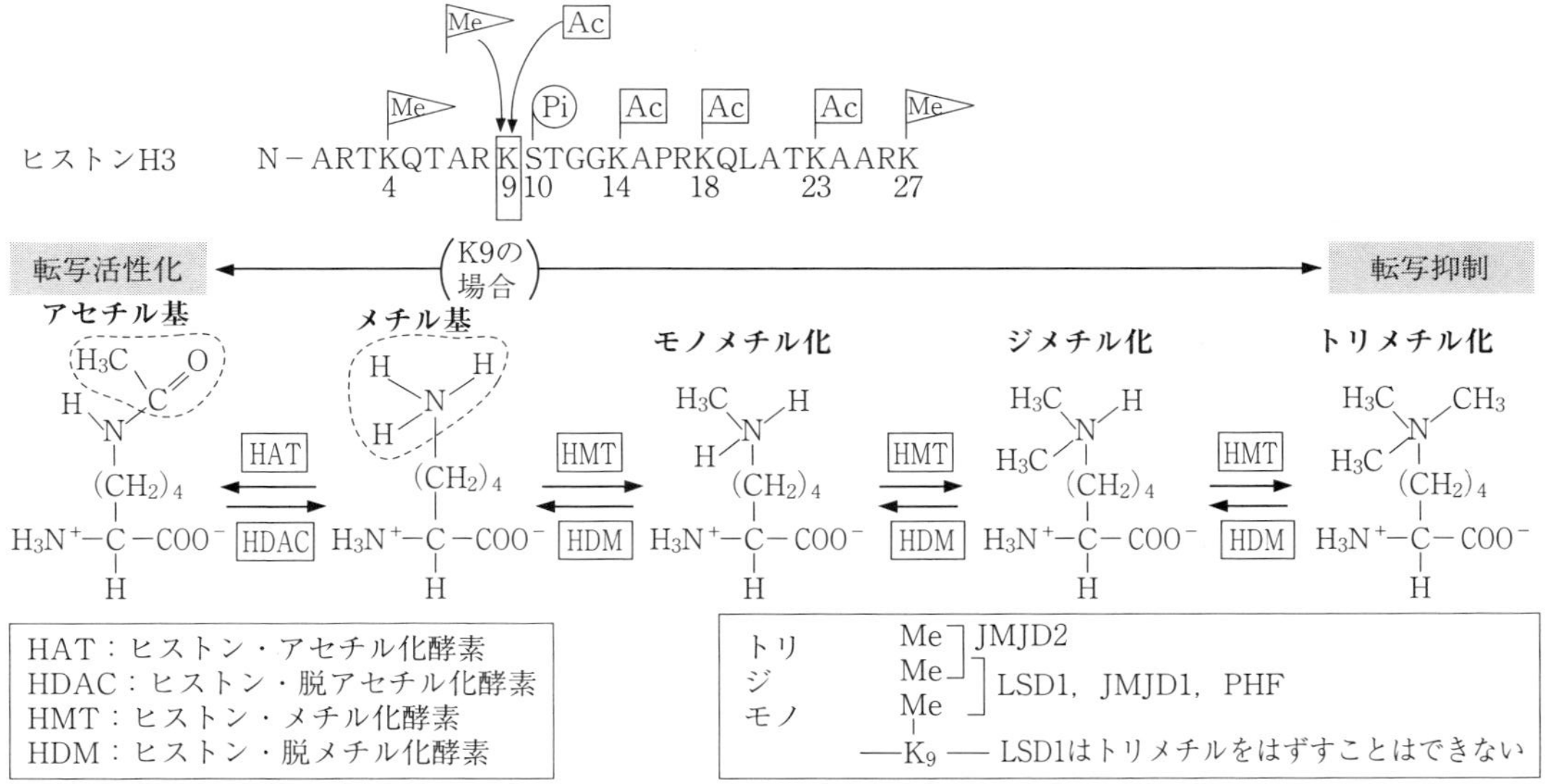

図5―7　リシン残基（K）のアセチル化とメチル化　ヒストンH3の９番目のリシンはメチル化もアセチル化も受けることが可能

活性状態のどちらかに定まります。

ヒストンのメチル化

ヒストンのメチル化は、アセチル化と異なり、やや状況が複雑です。メチル化を受けるリシンにはメチル基と結びつく場所が三ヵ所あります。一口にヒストンのメチル化と言っても、一つだけメチル基が付いている「モノメチル化」、二つ付いている「ジメチル化」、三つ付いている「トリメチル化」の三パターンがあります（図5―7）。そして、この三通りのメチル基の付き方によって、異なる機能が引き出されると考えられています。たとえば、転写が始まる場所（転写開始点）周辺ではH3K4のトリメチル化が集中的に観察されますが、モノメチル化やジメチル化は、転写開始点からやや離れた遺伝子領域にわたって分布しています。

ヒストンのメチル化は「ヒストン・メチル化酵素」が行います。HMTは、HATとは異なり、基質となるヒストン上の残基の認識が比較的厳密です。ヒストンH3のN末端から四番目のリシン「H3K4」のトリメチル化は、「Set1」というメチル化酵素、「H3K9」のトリメチル化は「Suv39h」というメチル化酵素、H3K9やH3のN末端から二七番目のリシン「H3K27」のモノ・ジメチル化はメチル化酵素「G9a」が担当します。H3K27のトリメチル化は別の酵素「Ezh2」が行います。

Ｈ３Ｋ９とＨ３Ｋ27のヒストン・メチル化は、ヘテロクロマチンを形成し、転写を抑制します。しかし、ヒストンのメチル化は転写を抑制する状況にだけ見られるわけではありません。たとえば、Ｈ３Ｋ４におけるトリメチル化では、転写が活性な状態に対応します。

ヒストン修飾の可逆性

これらのヒストンの修飾は、一度行われたら二度と外れないのでしょうか。クロマチンの制御の特徴の一つは「可逆性」です。これらの修飾は基本的に脱着可能です。ＨＡＴによってヒストンに結合されたアセチル基は、ヒストン・脱アセチル化酵素（ＨＤＡＣ、「エイチダック」と発音します）によって外すことができます（「脱アセチル化」）。

また、ヒストンのメチル化は、ヒストン・脱メチル化酵素（ＨＤＭ）によって「脱メチル化」されます。ヒストンの化学修飾状態は、このように相反する反応により、可逆的に調節されているのです（図５―７）。次にヒストン修飾を取り除く酵素について、見ていくことにしましょう。

ヒストン・脱アセチル化酵素とその阻害剤

まず、ヒストン上のリシン残基に結合したアセチル基を外す酵素、ＨＤＡＣについて見てみましょう。最初のＨＤＡＣの単離は、ＨＤＡＣの活性を特異的に抑制する化合物を用いて行われま

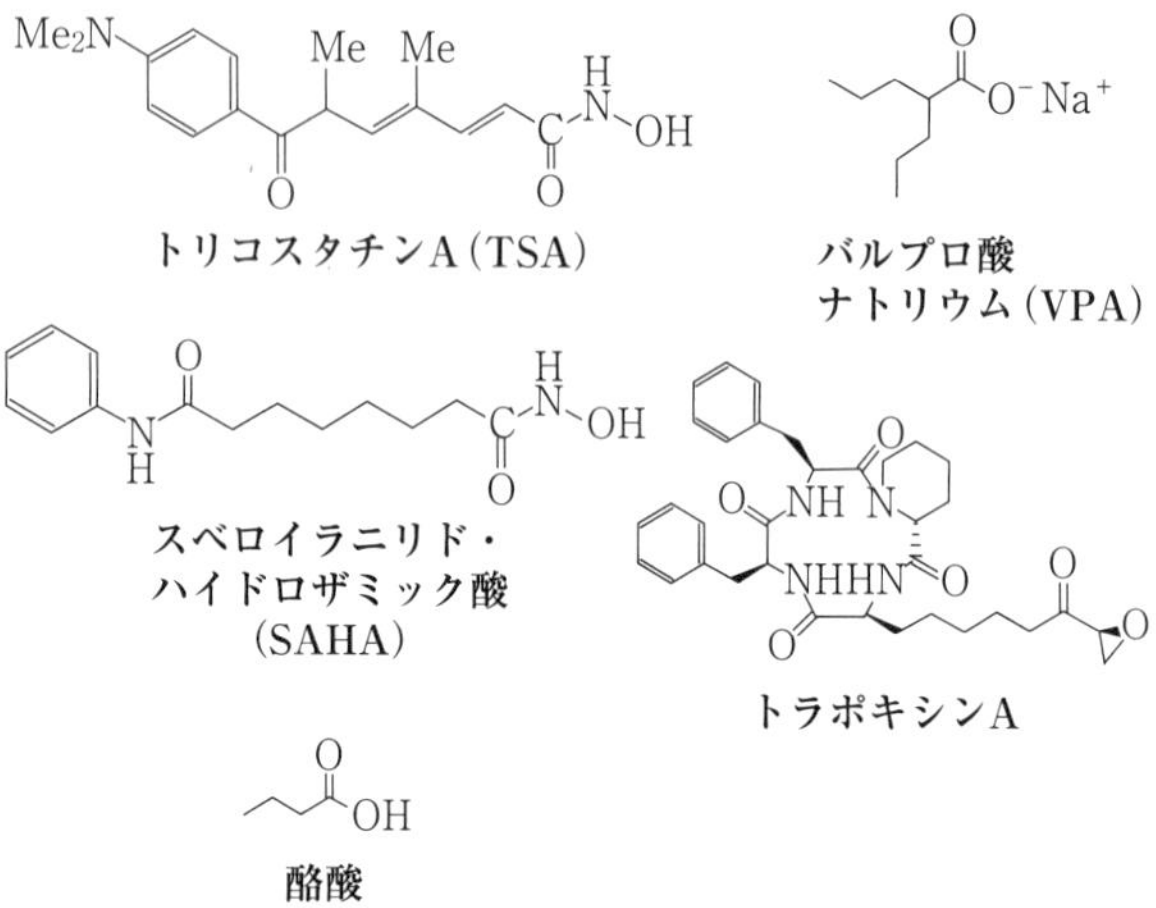

図5—8　ヒストン・脱アセチル化酵素阻害剤のいろいろ

した。このような化合物は、「ヒストン・脱アセチル化酵素阻害剤、HDI」とか「HDACi（HDAC inhibitor）」と呼ばれます（図5—8）。

以前から、細胞内のアセチル化されたヒストンは、細胞に「酪酸」を作用させることで増大することが知られていました。つまり、この酪酸はヒストンを脱アセチル化する酵素を阻害する活性があるため、ヒストンがアセチル化された状態を細胞にもたらすのです。ただし、酪酸は小さい分子で選択性も高くありません。

理化学研究所の吉田稔主任研究員（当時東京大学）らは、放線菌という微生物が培養液中に分泌する生理活性物質を調べているうちに、「トリコスタチンA（TSA）」という選択的なHDAC阻害物質を発見しました（図5—8）。

この物質をマウスの白血病細胞に添加すると、細胞分化が誘発されます。また、酪酸で処理した場合と同様、ＴＳＡで処理した細胞内では、アセチル基がついたヒストンが蓄積します。つまりＴＳＡも、ヒストンに結合したアセチル基を外すＨＤＡＣの作用を阻害したと考えられます。

さらに、ある種のがん細胞の形態を正常化するカビ由来の物質として、「トラポキシン（ＴＰＸ）」の仲間が同定されました（図５―８）。これもＨＤＡＣの活性を阻害し、細胞内にアセチル化されたヒストンを蓄積する作用を持っています。トラポキシンはＨＤＡＣに強固に結合する性質があります。そこで、この分子を釣り餌にして、無数のタンパク質が含まれる細胞抽出液からＨＤＡＣだけを取り出す実験が行われました。この研究以前は、どのようなタンパク質が実際にＨＤＡＣの活性を担っているかは不明でしたが、この実験によって、初めて実体のあるＨＤＡＣが単離されたことになります。阻害剤の研究が出発点となって、その標的となる酵素が見つかってきたわけです。

この研究が契機となって、多数のＨＤＡＣが見つかってきました。ＨＤＡＣも同じような活性を持つファミリーを形成していたのです。これらのＨＤＡＣファミリーは、四つのグループ（クラス）に分けられます。中には、細胞内の骨格で、細胞分裂期に紡錘体を構成する「チューブリン」に結合したアセチル基を外す酵素も含まれています。

また、後ほど詳しく紹介する「長寿遺伝子」がコードするタンパク質「サーチュイン」も、Ｈ

DACの仲間です。サーチュインは他のHDACと異なり、「NAD（ニコチンアミドアデニンジヌクレオチド）」という「補酵素」がないと活性を発揮できません。なお、この補酵素というのは、ある種の酵素に結合してその活性をもたらす補助的な分子で、その多くは、なんと「ビタミン」として知られています。

HDAC阻害剤は医薬品に利用可能

HDAC阻害剤や活性化剤は、細胞や個体に投与することで、生体のヒストン・アセチル化レベルを調節することが可能です。このため、エピゲノム修飾によってもたらされるさまざまな疾患や老化などに対して、これらの化合物が有効な医薬品として機能することが期待されています。

HDAC阻害剤の一つに、抗てんかん薬や精神安定剤として古くから用いられている「バルプロ酸（VPA）」があります（図5―8）。「バルプロ酸」（デパケンなどの医薬）は、てんかんや、双極性精神障害の患者さんに投与されることがあります。作用のメカニズムとしては、抑制性シナプスの神経伝達物質であるγ-アミノ酪酸（GABA）の分解酵素を抑制して、GABAの作用を増強することです。GABAが優性になると、興奮状態が抑制され、リラックスした状態になります。

その後の研究でバルプロ酸にはHDAC阻害剤としての機能があることもわかってきました。動物実験では、バルプロ酸に分化誘導作用や抗がん作用があることが知られています。バルプロ酸ががん細胞内のHDACを阻害することで、がん細胞の性質を打ち消すように作用するのではないかと考えられています。

その他のHDAC阻害剤も、バルプロ酸のように抗がん作用があることがわかってきました。実際になぜがんにHDAC阻害剤が効くのかはよくわかっていませんが、現在種々のHDAC阻害剤が医薬品として製品化されたり、または開発されたりしています。たとえば、HDACの活性を調節する「ボリノスタット（別名SAHA、スベロイラニリド・ハイドロザミック酸）」、「エンチノスタット（別名MS－275）」、「モセチノスタット（別名MGCD0103）」が開発されています。これらは、難治性の非小細胞性肺がんや、皮膚T細胞性リンパ腫、ホジキンリンパ腫、肝細胞がんなどに対する医薬品として、今後の活躍が期待されています。

ヒストン・脱メチル化酵素

ヒストンに結合したメチル基は、一度結合したら最後、外れないと考えられていた時期がありました。しかしながら、二〇〇四年に「リシン特異的脱メチル化酵素」というタンパク質が、ヒストンH3の四番目または九番目のリシンに一個または二個結合したメチル基（モノメチル化、ジメチル化）を取り外す活性作用を持つことが示されました。

ちなみに、リシン特異的脱メチル化酵素の反応機構では、三つのメチル基が結合したトリメチル化リシンには対応できません。この酵素は、「フラビンアデニンジヌクレオチド（ＦＡＤ）」という補因子と結合してはじめて活性化します。

その後、ＪｍｊＣ（十文字Ｃ）ドメインを持つ一群のタンパク質「ＪｍｊＣファミリー・タンパク質」が、より広範なヒストン・脱メチル化酵素活性を持つことが、米国のイ・ザン教授のグループ（九州大学の束田裕一准教授など日本人の研究者が活躍しました）によって明らかにされました。

ＪｍｊＣというのは、鳥取大学の竹内隆教授（当時三菱化学生命科学研究所）らによって見出された「Jumonjiタンパク質」の一種です。この遺伝子が異常になったマウスでは、発生時に神経板上に異常な溝ができ、神経溝とあわせて十字構造に似た形状をとることから名付けられました[20]（図5―9）。

ＪｍｊＣに似たタンパク質がその後いろいろ見つかり、それらの多くがヒストン・脱メチル化酵素活性を持っていることがわかってきました。これらのＪｍｊＣ様のタンパク質の酵素活性には、α－ケトグルタル酸と鉄イオンの助けが必要です。この酵素は、リシン特異的脱メチル化酵素と異なり、ジメチルとトリメチル化されたリシン、あるいはモノ・ジ・トリメチル化されたリ

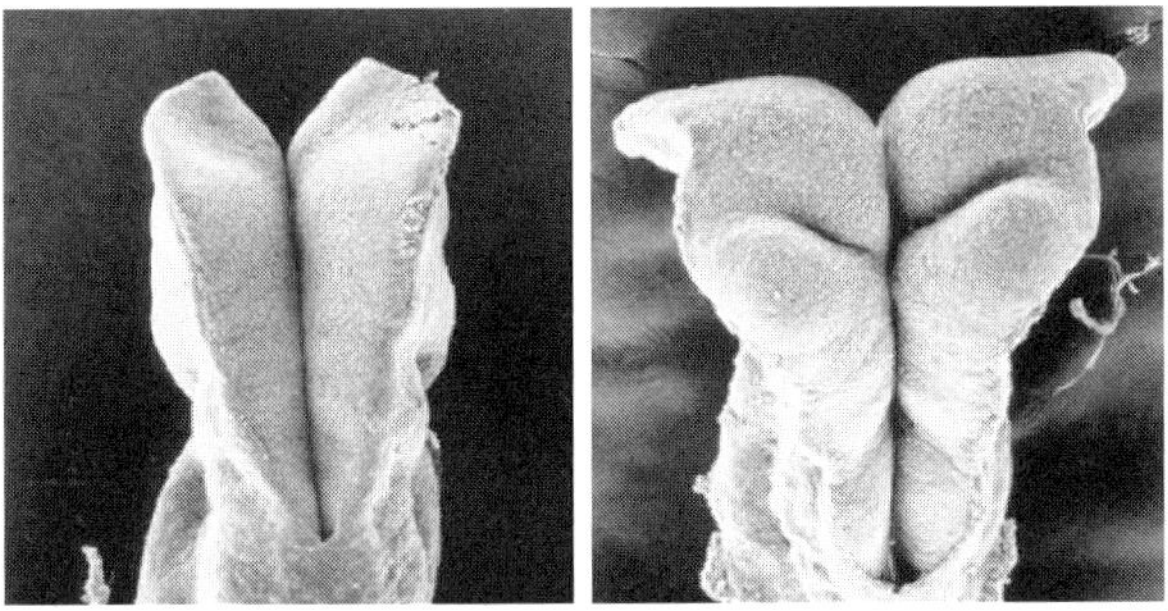

図５―９　遺伝子異常によって発生時に神経板に異常な溝ができたマウス胚（右）と正常なマウス胚（左）（提供／竹内隆教授）

シンについて、脱メチル化を行うことができます。

以上の結果から、ヒストンのメチル化も可逆的修飾であることが明らかになったのです。

「ヒストン・コード」仮説

次の疑問は、これらのヒストン修飾が、どのようにして転写活性化や転写の抑制という機能を引き出すのか、というメカニズムに関するものです。一つの考えとしては、ヒストン修飾を受けるリシンやアルギニンが「塩基性」のアミノ酸であり、化学修飾を受けることでこの塩基性の性質が打ち消され、ヒストンの性質が部分的に変わるというものです。しかし、たとえば生体内でアセチル化されているヒストン・テール上のリシンやアルギニンは、ヒストン全体の三七パーセントに過ぎません。ヒストンの性質を根本的に変化させるには、全体の量が低すぎるように思えます。

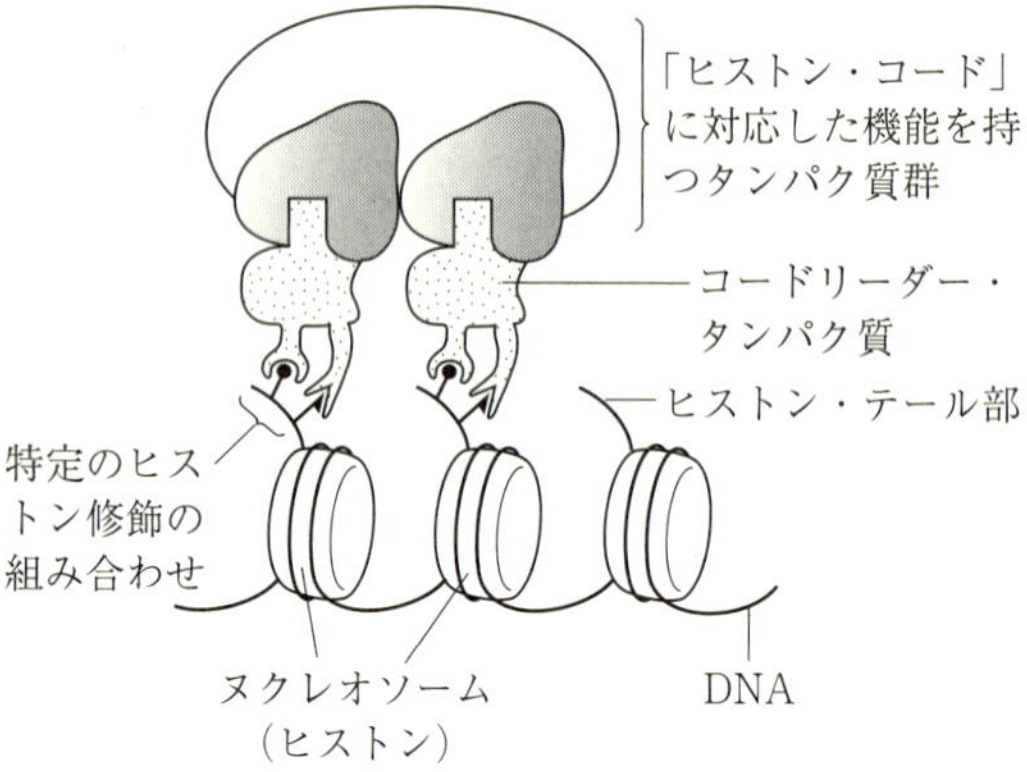

図5―10　ヒストン・コードリーダー・タンパク質

もう一つの考え方は、ヒストン修飾を認識するタンパク質が存在し、これが特定のヒストン修飾を解釈し、次なる反応を担うタンパク質を呼び込んで来るというものです。

これらのタンパク質部分を持つタンパク質は、「コードリーダー・タンパク質」と呼ばれ、かなりの種類があることがわかってきました。その中には、アセチル化されたヒストンに結合するGcn5のようなHATや、メチル化ヒストンに結合するHP1などが含まれます。ちょうど、商品の種類や値段の情報を記録した「バーコード」のようなものがヒストン修飾であり、それを読み取ることで、局所的な転写の強さが決まってくると考えるわけです（図5―10）。

このような状況証拠が見つかってくる中で、DNAが遺伝情報をコードしているように、ヒストン修飾自体が遺伝子発現制御を司る情報をコードしているのではないかという仮説、「ヒストン・コード仮説」が二〇〇〇年から二〇〇二年頃にかけて、ブライアン・ストラール博士、トーマス・ジェニュワイン教授とアリス教授、またブライアン・ターナー教授らによって提案されました。

ヒストンに記されたメタ情報

ヒストン・コード仮説によると、染色体上にずらっと並んだヒストンが、いろいろなパターンで化学修飾され、それぞれの修飾が異なる結果（アウトプット）を引き出すことで、ＤＮＡ塩基配列の外側に新たな情報が書き込まれることになります。

この方法を利用すると、「ＤＮＡのコードを利用するかしないか」という「暗号」を、「階層的に染色体に記録」できます。このような、情報のための情報、もう少しわかりやすく言うと、情報を管理する裏方の情報のことを「メタ情報」と言います。

世の中何でもそうですが、目に見えていることはあくまで表面的なことでしかありません。表象の裏側にそれを支配する「付加的な裏情報」が含まれていることが多いものです。私たちは、表面的な情報だけでなく、そういう背後のメタ情報を理解することで、人物や物事に対する認識を深めていきます。つまり、メタ情報は情報を分別したり、検索したり、処理するのに非常に役立ちます。

たとえば、「太田さん」という人物の名前の背後に、顔かたちもありますが、「生物の研究をやっている」とか、「東京大学の先生」だとか、あるいは「雑用をいっぱい抱えている」というメタ情報がたくさん存在しています。別の「太田さん」(太田雄貴)には、オリンピックのフェンシングで銀メダルを取ったとか、もう一人の「太田さん」(太田光)はテレビの教養番組でおもしろいコメントをするとか、さまざまなメタ情報が存在します。これを蓄積していくことで、「太田さん」という一つだけしかなかった情報が、脳内でそれぞれ印象の異なる別の「太田さん」に分かれていくわけです。このとき脳内では、表面的な「太田さん」という情報に、メタ情報が関連づけられていくのです。

インターネットの検索サイトで「太田」を調べると、Googleで数千万件ものサイトがリストアップされます。このときの一位は群馬県太田市のサイトで、二位が太田光さんのサイトです。私の研究室の表示順位はかなり後ろになります。しかし、これに「東大駒場」を追加すると、数十万件にヒット数が減少し、私の研究室の情報が第一位にリストアップされます。情報検索では、いかに多くの属性なり、メタ情報を提示するかで、検索の正確さが決まります。

情報通信にはメタ情報が重要

このように情報通信の世界では、メタ情報が不可欠になっています。ネットワーク内で情報をやりとりすることで、電子メールやウェブサイトをコンピューターやスマートフォンなどで見ることができます。この際、送受信するデータは、「パケット」という小さな単位に分割されて、インターネット上を伝達します。このデータが送信先に正確に伝達される必要があります。

ネットワーク上の情報のやりとりは、米国の国防総省が策定した「ＴＣＰ／ＩＰ（Transmission Control Protocol/Internet Protocol）」という手順に従って行われます。ネット上に送信する情報はパケットに分割されますが、パケットそれぞれにシーケンス番号という通し番号、パケットの種類、送信先と送信元の住所「ＩＰアドレス」が書かれています。これらの情報は、みなパケット本体の情報をどう扱うかという目的で書き込まれたメタ情報なのです。

我々がネット上でホームページを閲覧したり、電子メールを送受信したりするとき、このパケットが送信元から送信先ＩＰアドレスを持つ相手に送付されます。このとき、通信が途中で途切れ、再度回復するようなことが多くあります。送信先がパケット群の一部を受信すると、送信先から「今通し番号ＸＸ番まで受信した」という受信確認が、今度は送信元アドレス宛てに送られるようになっています。受信確認がこなければ、受信がうまくいかなかったということで、再度その通し番号以降のパケットが送信されます。受信側は、これを送受信する一つの情報全てが完了するまで行うわけです。

分散型通信は変化に強い

なぜ、このような情報を細切れにする「分散型通信網」という考えが考案されたのでしょうか。一つの理由として、開発時の米国がおかれた軍事的環境があげられます。パケットの概念が開発されたのは一九六一〜一九六五年頃です。この当時の米国は、キューバとの間にピッグス湾事件などの紛争を起こしており、「東西冷戦」が最高潮に達した時期でもあります。キューバ危機では、世界でもっとも核戦争の可能性が高まったと言われています。このような状況下で、多くの通信設備が破壊されても生き残る通信手段の確保が必要となったのです。そこで登場したのが、いかなる経路を経由しても情報が保持される通信、すなわち分散型通信網の概念だったのです。

あくまで推測ですが、クロマチン構造やエピゲノム修飾を介した細胞内の情報通信も、インターネット通信のような「分散型で双方向性の通信」になっているのではないかと思います。もちろん、細胞の中の話ですので、インターネットなどの情報通信とはだいぶ様相は異なると思います。しかし、与えられた環境条件で、「お互いに影響し合い」ながら絶えず「更新可能」であり、一つの「ノード（中継部位）」が破壊されても、それに耐えて正確に情報が保持されるようなしくみがあれば、生物は格段に環境変動に強い存在、最近よく言われる「堅牢な《ロバスト》」存在となるはずです。ヒストン修飾やＤＮＡメチル化などのエピゲノム修飾が、物質的な裏付けを持つ「メタ情報の分散型動的ネットワーク」を提供している可能性があります。

エピジェネティクスのメタ情報的側面

エピゲノム修飾がもし一種の「メタ的な」遺伝情報を担っていると考えた場合、そのようなシステムの生理的意義とは何なのでしょうか。ＤＮＡ配列も変化します。しかし、この変化の速度はかなりゆっくりで、生物の個体がある環境に適応するかどうかという局面では、全く歯が立ちません。ＤＮＡの塩基配列は先天的に決まっており、基本的には大きな変更はできないのです。

一方で、クロマチンに記録されるメタ情報は、ダイナミックに書き込み・消去が可能です。細胞が置かれた環境に応じて、クロマチンに書き込まれた情報が書き換えられ、その環境に適した遺伝子発現パターンが記憶されていくと考えられます。

エピゲノム修飾は、単に遺伝子のスイッチをオン・オフするだけの機能ではなく、遺伝子の利用状況から「フィードバック的な双方向制御」を受け、ダイナミックに変化するのです。このようなプロセスにより、ＤＮＡの配列を変えなくても、「ＤＮＡがまとっている衣装・飾り（ヒストン修飾）」を着替えることで、新たなメタ情報を書き込み・消去することができます。言い換えると、ネットワーク型の情報記録装置を、ＤＮＡの「一つ上の階層」に実装することで、ＤＮ

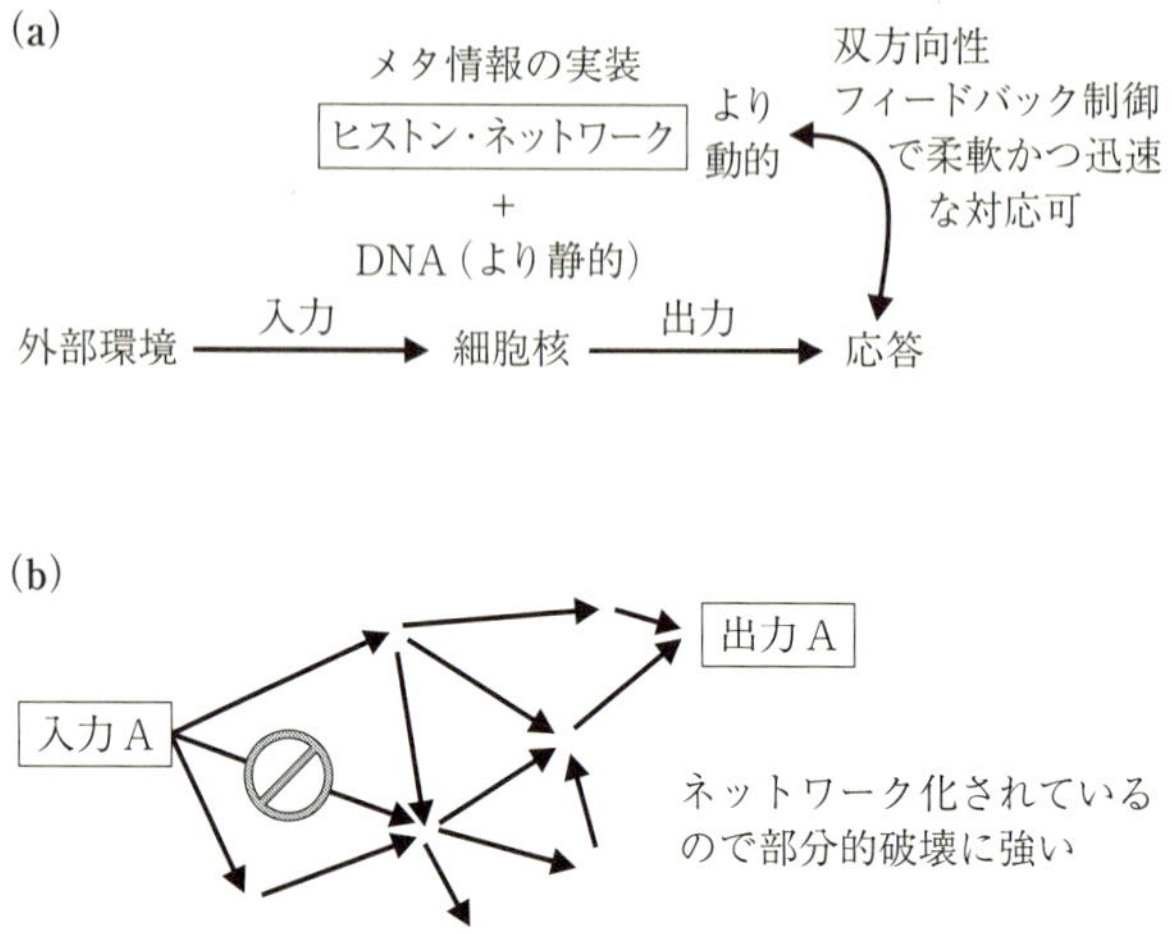

図5―11　エピゲノム修飾　DNA配列に変更を加えないで、遺伝情報を動かす

Aの配列に変更を加えることなく、遺伝情報を動かすプログラムを柔軟かつ迅速に変更することが可能になります（図5―11a）。

つまり、DNA情報の上位の階層に、「ヒストン・コード」のような新たなメタ情報を記録することにより、同じDNAを多様かつ複雑にコントロールできるようになったのです。このような「細胞内のイノベーション」により、急速に変化する外部環境の変化に対応したり、また多細胞生物の持つさまざまな複雑な機能が実現できたりすると考えられます。

ヒストン修飾のネットワーク

また、エピゲノム修飾による制御は、一

つのエピゲノム修飾が失われても、表面的にあまり影響がありません。この特質は、「ヒストン・コード」が本当にあるかどうか、という議論を引き起こしています。たとえば、ヒストンの修飾部位に突然変異を導入し、ある種のヒストン修飾が起こらない変異株が作成されています。

基本転写因子の発見に関わった東京大学の堀越正美准教授らは、ヒストン修飾部位を網羅的に変異させた酵母を作って、ヒストン・コードに影響が生じるかどうか検証してみたところ、一つぐらい修飾部位を壊しても、酵母の生育などの表現型に大きな影響が出ないことがわかってきました。私たちの研究室を含む多くの研究室でも、ヒストン修飾を受けるアミノ酸残基の変異体を調べてみましたが、多くのケースでやはり効果は限定的で、それほど劇的ではありませんでした。

この結果の説明としては、一つぐらい修飾ができなくなっても、その他の部位の修飾がそれを補ってしまう可能性が考えられます。あるいは、複数のヒストン修飾パターンが組み合わさり、その組み合わせのある部分まで達成されていれば、一定の出力が得られるようになっているのかもしれません。

この話は何かに似ていると思いませんか。そうです、先ほどメタ情報の説明で触れた「分散型通信網」と非常によく似ているのです。情報ネットワークでは、ノードの一つが破壊されても、情報伝達は正確に行われるようになっています。ちょうどこれと同じように、ヒストン修飾も一種の複雑なネットワークを作っていて、ノードの破壊に対して抵抗性を持つ堅牢《ロバスト》なシステムを構築しているのでしょう。堀越准教授らは、このようなネットワークを「蜘蛛の巣（ウェブ）」に喩え「ヒストン修飾ウェブ」と呼んでいます[21]（図5―11b）。

このように、エピゲノム修飾による遺伝子制御は、双方向性と分散性という観点から、分散型情報通信に非常によく似た存在であると言えます。

DNAの目印――DNAのメチル化

エピジェネティクスに関わる目印（化学修飾）は、ヒストンだけでなく、DNAにも付けられます。この目印はメチル基で、メチル基がDNAに付くことを「DNAのメチル化」と言います。DNAメチル化も後天的な遺伝子調節に用いられます。

脊椎動物では「CG」という二つの塩基の配列のうち、シトシン（C）の部分にメチル化がしばしば観察されます（図5―12）。酵母や線虫では、DNAメチル化の機構がありませんが、ヒトやマウスではゲノムに存在するCG配列のCのうち、実に七〇パーセントがメチル化を受けています。重要なのは、もしCG配列のCにメチル基が結合されると、一般的にその近くの遺伝子の発現が著しく抑制されることです。したがって、脊椎動物では遺伝子発現が不活性な領域にDNAのメチル化が多く見られるのです。

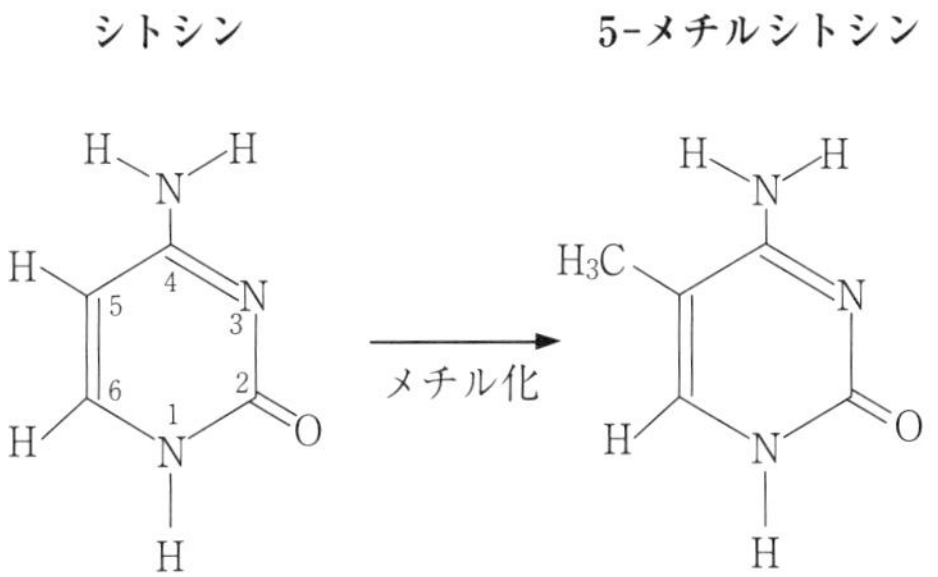

図５—12　ＤＮＡのメチル化

ＤＮＡのメチル化でどうして遺伝子の活性が抑制されるのでしょうか。遺伝子発現を活性化する転写プロモーターに、ＣＧ配列があるとします。この配列のシトシンにメチル化が生じると、プロモーターに転写を活性化するタンパク質が結合しにくくなり、転写が抑制されます。なお、ＣＧ配列以外のシトシンに導入されるメチル化にも、遺伝子制御などにおいて重要な役割があるのではないかと言われています。

メチル化シトシンはチミンに変化しやすい

メチル化を受けたシトシンには、変異を起こしやすいという重要な特徴があります。細胞内のシトシンでは、そのアミノ基が外れる「脱アミノ化」反応がまれに起こり、「ウラシル（Ｕ）」に変化します。ウラシルはＲＮＡに用いられるヌクレオチドで、チミン（Ｔ）と同じようにアデニン（Ａ）と対合します。もし、ＤＮＡの中にウラシルが生じてそのままＤＮＡ複製が起こると、元来シトシンだったところがチミン

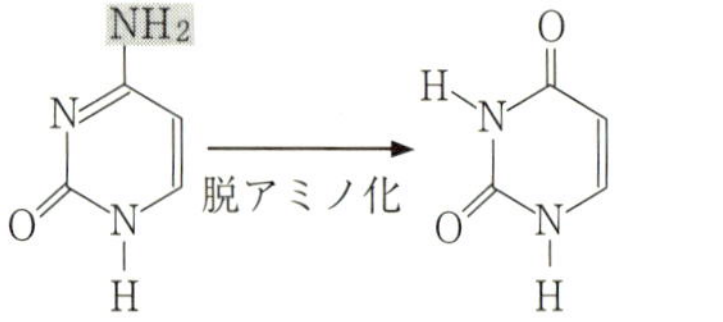

シトシン(C)　　**ウラシル(U)**

C→U→U→T
G　G　A　A

Cの脱アミノ化はUへの転換をもたらし，C→Tの変異が入る。ただし，Uはふつう DNA にないので酵素が探し出して取り除くことができる

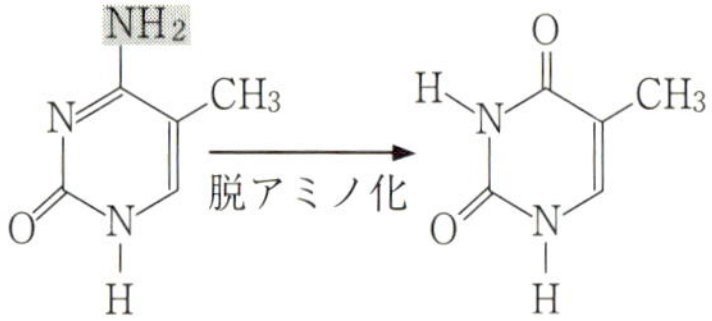

5-メチルシトシン(5mC)　　**チミン(T)**

5mC→T→T
G　G　A

5mC の脱アミノ化は T への転換をもたらす。Tはもともと DNA にある塩基なので，酵素で修正できない

図5―13　シトシンの脱アミノ化と変異

に置き換わってしまい、変異が入ることになります（図5―13上）。

ところが、細胞内にはDNAの中にウラシルが混じっていることを見つけて、その場所を切り出す「ウラシルDNAグリコシラーゼ」という酵素があります。この酵素がDNA中のウラシルの場所に切れ目を入れて取り除き、もとのシトシンに戻す修復反応が起こることで、問題が生じないようになっています。

一方で、図5―13下のようにシトシンがメチル化されていると、「脱アミノ化」により、ウラシルではなく、チミンに化けてしまうものもあります。チミンはもともとDNAの中にあるヌクレオチドですので、細胞内の異常検出系・ＤＮＡ修復系でも見つけ出すことができません。ですから、メチル化されたシトシンを持つ「ＣＧ配列」は、徐々に「ＴＧ配列」に置換されていくことになるわけです。この現象を「ＣＧ抑制」と言います。実際に、ヒトゲノム中ではＣＧ配列の出現頻度は一パーセント程度で、理論的に推定される約六パーセント（$\frac{1}{4\times4}\times100$）よりも、かなり少なくなっています。

転写がよく起こる領域にはＣＧアイランドが頻繁に見られる

一般的に、活発にＲＮＡに転写されているＤＮＡ領域では、シトシンのメチル化が起こりにくくなっています。そのため、活発に用いられる遺伝子の上流にあるプロモーター領域などでは、周囲に比べて有意にＣＧ配列の出現頻度が高くなっています。

このようなＣＧが多く存在する領域は、ＣＧ配列が少ないゲノム全体を「海」に喩えると、ちょうど「島」のようにある領域に集中して存在するように見えます。そこでこのような領域を「ＣＧアイランド（もしくはＣｐＧアイランド、ｐはＣとＧをつなぐリン酸のこと）」と呼んでいます。ヒトの場合、ＣＧアイランドにおけるＣＧ配列の出現頻度は、理論値の六パーセントないしそれ以上になっています。

DNAメチル化酵素

DNAをメチル化するためには、それを実行する酵素、すなわち「DNAメチル化酵素（DNMT）」の存在が必要です。DNAメチル化酵素は、「S-アデノシルメチオニン（SAM）」という代謝産物からメチル基をもらい、CG配列のシトシンの5位の炭素にそのメチル基を結合させます。生じた化合物は、「5-メチルシトシン」と呼ばれます。

DNA複製時には、新たに合成されたDNA鎖はまだメチル化を受けていません。このままでは、複製を経るたびに、メチル化されたDNAは新生DNA鎖に希釈されて減ってしまいます。そこで、DNA複製後にすでにメチル基が入っている場所を目印にして、新生DNA鎖上のCG配列にメチル基を結合させる酵素が作用します。この酵素のことを、「維持型DNAメチル化酵素」と言い、その働きによって細胞分裂の後でもDNAメチル化パターンが維持されます。DNAメチル化酵素にはそのほかに、新規にCG配列にメチル基を入れる「新生（*de novo*、デノボ）メチル化酵素」があります。

DNAの脱メチル化

一度メチル化されたDNAは、基本的に消去されることはないと考えられてきました。しかし、実際にはメチル化ＤＮＡが消去されること（「ＤＮＡ脱メチル化」）がわかってきました。

ＤＮＡ脱メチル化のしくみには大きく分けて、「受動的脱メチル化」と「積極的脱メチル化」があります。受動的脱メチル化とは、維持型メチル化酵素が働かず、ＤＮＡ複製でメチル化を受けていない新生鎖が生み出されることで、徐々にメチル化されているＤＮＡが少なくなっていく機構です。

積極的脱メチル化は、個体の発生や分化などの過程で、特定のＤＮＡ領域のメチル基を除去する現象に関与します。実際、哺乳類の生殖細胞や初期発生では積極的にＤＮＡメチル化のパターンが書き換えられることが知られています。しかし、そのような積極的なＤＮＡ脱メチル化が本当に存在するかどうかは、長らく議論の的になっていました。

意外なところに発見のヒントがあった「ＤＮＡ脱メチル化酵素」

私の研究分野の一つである分子生物学は、生命現象を分子レベルで明らかにすることを目的とした学問分野です。最近でこそ、「要素還元主義的な分子生物学では生命は理解できない」と批判されることも多くなりましたが、これまで非常に多くの成果をあげてきた学問分野です。

分子生物学の優れた点は、現象を担う分子を明るみに出すことで、その現象そのものの本質や存在が非常によく理解できることです。たとえば、遺伝の本質がＤＮＡの二重らせんで実にうまく説明できる、ということです。

DNAの積極的な脱メチル化が、本当にあるかどうかも、それを実際に実行している分子が見つかれば証明できます。そこで、DNA内のシトシンに付加されたメチル基を外す酵素、すなわち「DNA脱メチル化酵素」の探索が始まりました。

この酵素の発見は、真菌という微生物の代謝系に注目することで、成し遂げられました。DNAやRNAといった核酸を、細胞内で生産する際、新規に一から合成する「新生（*de novo*）経路」と、要らなくなった核酸を代謝して再利用する「サルベージ経路」という二つの反応経路があります。

真菌とは、酵母やキノコ、カビの仲間ですが、これらの生物のチミンのサルベージ経路で働く「チミン・ヒドロキシラーゼ」という酵素があります。この酵素は、酸素や鉄イオン、代謝産物であるαケトグルタル酸の助けを借りて、チミンの5位の炭素に結合するメチル基を連続して酸化し、メチル基の部分が順次、ヒドロキシメチル基（水酸化メチル基）、ホルミル基、カルボキシル基と転換され、イソオロチン酸という物質を作ります（図5―14　有機化学を勉強された方は、「アルコール→アルデヒド→カルボン酸」という酸化反応を思い出してください）。

さらに、別の酵素によってイソオロチン酸のカルボキシル基という構造が取り外され、ウラシルに変換されます。つまり、この反応によって、チミンのメチル基が除去されるわけです。これ

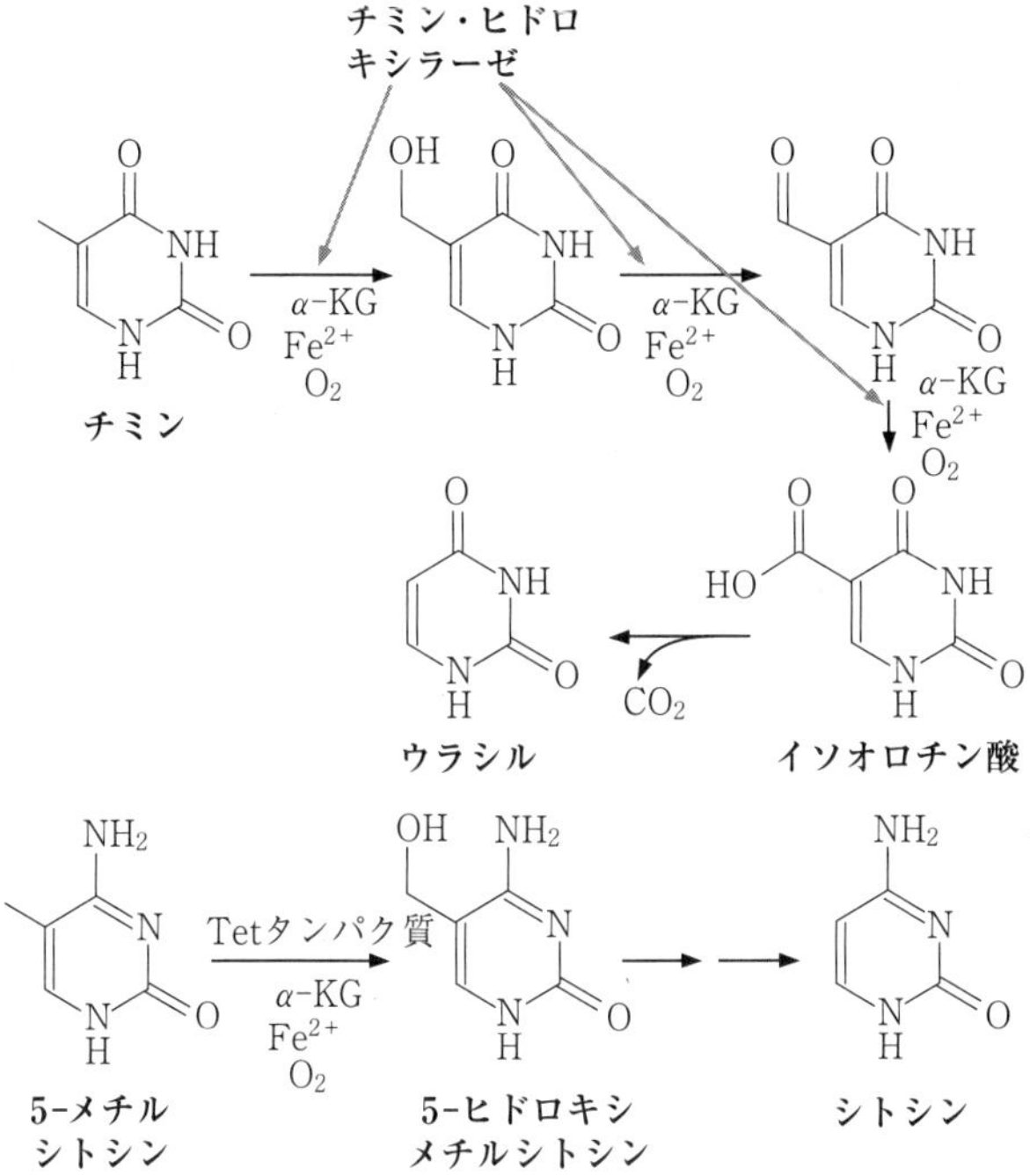

図5—14　DNAのメチル化とヒドロキシメチル化

らの酵素は、真菌では見つかっていますが、人間では同定されていませんでした。

ここで、５位の炭素がメチル化されたシトシンの化学構造をもう一度よく見てください（図５—13）。メチル化シトシンは構造上チミンによく似ています。そこで、上記のような連続的な酸化反応により、ＤＮＡが脱メチル化を受けるのではないかという発想が生まれます。しかし、ヒトではチミン・ヒドロキシラーゼは見つかっていません。

そこで、真菌以外の生物で同じような反応をする酵素がないか検討されました。アフリカ眠り病を引き起こす「トリパノソーマ」という原虫には、チミン・ヒドロキシラーゼと同じような機構で酸化反応を触媒する「ジオキシゲナーゼ」が存在しています。

このタンパク質には、αケトグルタル酸に依存して物質を酸化するはたらきを持つ部分があり、チミン・ヒドロキシラーゼなどと比較することで、その配列には一定のパターンがあることがわかりました。二〇〇九年にアンジャナ・ラオ教授のグループは、このパターンを持つタンパク質を、哺乳類の遺伝子データベースを用いてコンピューター検索し、見事に発見しました。Tet1、Tet2、Tet3という三種類のタンパク質がそれです。Tet1、Tet2、Tet3はいずれもよく似た仲間です。このため、これらは「Tetファミリー・タンパク質」と呼ばれています。

ちなみに、Tetという名称は「ten-eleven translocation, t(10;11)」というある種の「染色体転座」（ある染色体と別の染色体が連結してしまう染色体の異常）の名称に由来しています。Tet1は、この染色体転座により、急性骨髄性白血病の原因となる「*MLL*（Mixed Lineage Leukemia）」遺伝子と融合し、急性白血病をもたらすことが知られています。

ヌクレオチドのサルベージ経路は、私も大学時代に勉強して知ってはいましたが、その知識を最新のＤＮＡ脱メチル化反応に類推して考えるところは、非常にセンスがよく、脱帽です。それにしても、真菌やトリパノソーマという（人間から見れば）マイナーな生物が、重要な発見に結びついたわけです。マイナー生物といえども侮れません。

Ｔｅｔタンパク質の作用

Ｔｅｔファミリー・タンパク質は、具体的にどのようにＤＮＡを脱メチル化するのでしょうか。生化学的な解析によると、酸素と鉄、αケトグルタル酸に依存して、５－メチルシトシンのメチル基を「水酸化（ヒドロキシル化）」し、「５－ヒドロキシメチルシトシン」に転換する活性を持つことが示されました。

その後の反応は、すでに述べたチミン・ヒドロキシラーゼとよく似ています。すなわち、５－メチルシトシンを５－ヒドロキシメチルシトシンに転換した後、連続的な酸化を行い、５－ホルミルシトシン、５－カルボキシシトシンへと変化させ、最終的にメチル基を除去するのです（図５―14）。

そのほかの可能性としては、５－ヒドロキシメチルシトシンの脱アミノ化が生じたり、５－ヒドロキシメチルシトシン特異的な塩基除去酵素が作用したり、塩基除去修復というＤＮＡ修復系によってシトシンに復帰する経路が存在するという可能性も示唆されています。

ヒドロキシメチルシトシン

5－ヒドロキシメチルシトシンは、古くから哺乳類ゲノムDNA内に存在することは知られていました。DNAメチル化との関係が明らかになってきたのは、つい最近のことです。

ラオたちは、5－ヒドロキシメチルシトシンが、万能細胞と呼ばれている「胚性幹細胞(embryonic stem cells、ES細胞)」に多く存在することを発見しました。RNAi（77ページ参照）で特異的にTet1遺伝子の機能を阻害してみたところ、5－ヒドロキシメチルシトシンのレベルが低下することを確認しました。

その後、イ・ザン教授の研究グループ（JmjCファミリーのヒストン・脱メチル化酵素を見出したグループ）に所属していた伊藤伸介博士（現・理化学研究所）らが、今度はTetファミリーのDNAの脱メチル化酵素の生理機能を明らかにしました。Tetファミリー・タンパク質は、異なる組織でそれぞれ異なるレベルで発現したのです。たとえば、Tet1はES細胞に多く発現し、Tet2は広範な細胞に見られ、Tet3は肺や脾臓・膵臓に多く存在するのです。そこで、マウスのES細胞でTet1をRNAiにより機能抑制したところ、興味深いことに、ES細胞の未分化状態が弱くなったのです。さらに、ES細胞の重要な特質である増殖能が低下することがわかったのです。

ＥＳ細胞の未分化状態での増殖能は、京都大学の山中伸弥教授が見出した「ｉＰＳ細胞(induced pluripotent stem cells)」の形成にも重要な役割をしていると考えられています。ｉＰＳ細胞の確立にはエピジェネティクスが重要な役割をしていると思われますので、次章で詳しく説明することにしましょう。

なお、Ｔｅｔファミリー・タンパク質の役割については、発見されて間もないため未解明の点が多く残されています。現在活発に研究が進んでいる最中ですので、重要な生理的機能が近いうちにきっと解明されていくでしょう。

第6章　飢餓ストレスとクロマチン構造

エピゲノム関連因子と代謝中間体の密接な関連

　エピゲノムに関するヒストンやDNA修飾因子の仲間について、細かく見てきました。この中で私が気になっていることが一つあります。それは、これらの因子の活性制御に、さまざまな代謝経路や栄養経路の「中間代謝産物」が関わっていることです（表6―1）。

　たとえば、DNA脱メチル化酵素Tetや、ヒストン・脱メチル化酵素であるJmjCファミリー・タンパク質は、いずれも「αケトグルタル酸」を必要とします。αケトグルタル酸は、エネルギーサイクルであるTCAサイクル（クエン酸回路とも言います）の中間体です。

　ヒストン・脱アセチル化酵素のサーチュインは「NAD」を、リシン特異的脱メチル化酵素（LSD）は「FAD」を必要とします。NADは、エネルギー代謝経路で電子の受け渡しをする重要な物質で、FADもエネルギー代謝に必須の補酵素です。

	機能	活性に必要な中間代謝産物
Tet タンパク質	DNA脱メチル化	αケトグルタル酸
JmjC タンパク質	ヒストン・脱メチル化	αケトグルタル酸
サーチュイン／Sir2	ヒストン・脱アセチル化	NAD(ニコチンアミドアデニンジヌクレオチド)
LSD1	ヒストン・脱メチル化	FAD(フラビンアデニンジヌクレオチド)
DNA メチル化酵素 ヒストン・メチル化酵素	DNA メチル化 ヒストン・メチル化	SAM(S-アデノシルメチオニン)
ヒストン・アセチル化酵素	ヒストン・アセチル化	アセチルCoA

表6—1　エピジェネティクスに関与する酵素とその機能に必要とされる中間代謝産物

ヒストンやDNAのメチル化には、メチル基を供給する物質として「SAM（S-アデノシルメチオニン）」が必要です。SAM（最近では、サプリメントとしてよく利用されています）はアミノ酸であるメチオニンから合成され、その合成経路にはビタミンB_{12}や葉酸などの栄養が関わっています。

ヒストンのアセチル化が起こるためにも、エネルギー代謝経路の中間代謝産物である「アセチルCoA」が関わっています。このようにざっと列挙するだけでも、かなりの数の栄養や代謝に関する中心的な中間代謝産物が、エピゲノム修飾因子の活性に不可欠な因子と深く関わっていることがわかります。

栄養・代謝系の中間代謝産物が、エピゲノム修飾に関わる理由は、今のところまだよくわかっていません。個人的な憶測ですが、エピゲノム修飾は「栄養の変化」という外部からのストレスに対する適応機能を持っているのではないかと考えています。

飢餓という「究極の生存ストレス」への適応

生物にとって「栄養がなくなる」というのは、生存する上で究極のストレスに違いありません。「食えなくなった」状態を、なんとしてもしのいで生き残らなければならないからです。そのため、生物には飢餓応答のシステムが何重にも用意されています。その一つが「ストレス適応システム」です。

ストレス適応システムは、環境変化に対して生物が抵抗性を示すために与えられた重要な反応系です。これには、種々のホルモンなどによる個体レベルの適用や、細胞一つ一つに生じるストレス適応などがあります。細胞レベルのストレス適応には、酵母のようなもっとも単純な真核生物からヒトに至るまで、ほぼ共通のしくみが存在しています。

MAPキナーゼ・カスケード

代表的なストレス応答経路は、「MAP（Mitogen Activated Protein）キナーゼ（MAPK）」というタンパク質リン酸化酵素（キナーゼ）の一つが関わる反応です。MAPキナーゼは、後藤由季子教授（東京大学）や西田栄介教授（京都大学）らの研究が有名です。実は、この二人は私

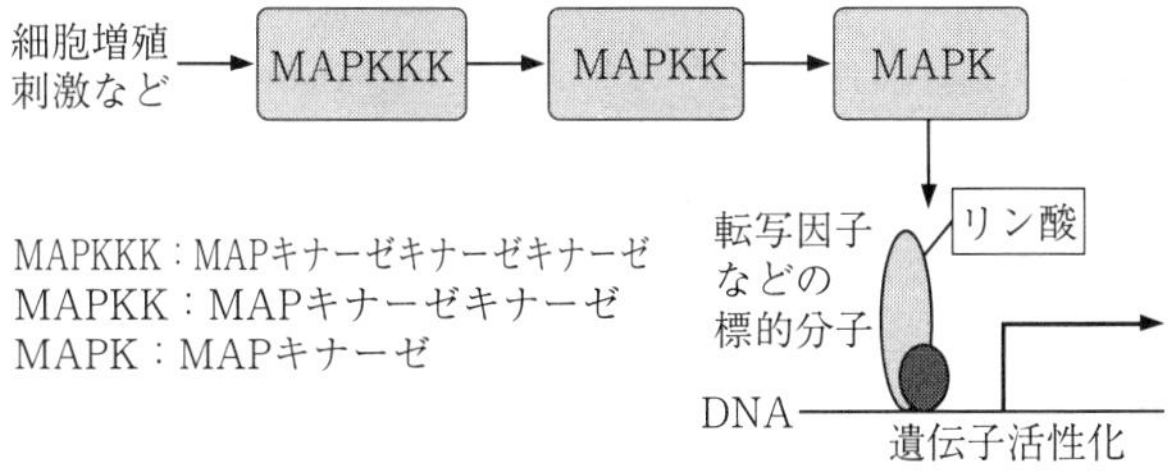

図6―1　MAPキナーゼ・カスケード

が大学院生時代に同じ研究室に在籍し、私自身もＭＡＰキナーゼ研究に関わったことがあります。当時は、いろいろな研究グループが、細胞内の情報の伝達経路を次々に明らかにしている時代で、毎週のように驚きの論文が発表されていました。

ＭＡＰキナーゼは、細胞が増殖する際に受けた刺激に応じて、早期に活性化される酵素です。反応は一〇分ぐらいで起こるため、いろいろな細胞の変化に先行する重要なリン酸化酵素だろうということはわかっていましたが、その実体は当時明らかにされていませんでした。

そのような大変な競争環境の中で、西田教授らはアフリカツメガエルの実験系を導入して、得意とするタンパク質精製により因子の同定を行っていきました。論文を科学雑誌『ネイチャー』に投稿するために、関連する大学院生や私のような博士研究員が総出でデータをとりまとめたのです。

ＭＡＰキナーゼの実体がわかってくると、分裂酵母の接合フェロモンの情報伝達系で重要な役割を果たしている酵素に似ていることがわかりました。分裂酵母にもちゃんと「性」があり、栄養がなくなると接合して、減数分裂を開始します。この酵母のＭＡＰキナーゼ類縁因子は、その上流に別のキナーゼが連続して活性制御に当たることが知られていました。

これがヒントとなり、ＭＡＰキナーゼをリン酸化する「ＭＡＰキナーゼキナーゼ（ＭＡＰＫＫ）」、さらにそのＭＡＰキナーゼキナーゼをリン酸化する「ＭＡＰキナーゼキナーゼキナーゼ（ＭＡＰＫＫＫ）」が生化学的な方法で同定されていきました。つまり、ＭＡＰＫＫＫ→ＭＡＰＫＫ→ＭＡＰＫというタンパク質リン酸化のリレーのような反応が活性化され、細胞が増殖を開始するきっかけができることがわかってきたのです。このような反応系は、「連続する小さな滝」を意味する「カスケード」という用語が用いられています。ＭＡＰキナーゼの場合は、「ＭＡＰキナーゼ・カスケード」と呼ばれています（図６―１）。

ストレス応答性キナーゼ

その後、米国のマイケル・カリン教授らのグループなどにより、ＭＡＰキナーゼ・カスケードが増殖刺激だけでなく、さまざまな環境ストレスに応じて活性化されることが明らかにされました。また、そのようなストレス応答性ＭＡＰキナーゼ・カスケードが、酵母からヒトまで、すべての真核生物に普遍的に存在することがわかってきたのです。

ヒトでは「JNK（c-Jun N-terminal kinase）」とか「ストレス活性化キナーゼ（SAPK）」や「p38」と呼ばれるMAPキナーゼの仲間が存在し、やはりカスケード反応を構成しています。これらのタンパク質リン酸化酵素はいわゆる「炎症応答」に関わっており、医学的に重要な分子として現在盛んに研究されています。

ストレス応答性MAPキナーゼ・カスケードは、栄養がなくなると活性化します。活性化したストレス応答性MAPキナーゼは、「CREB／ATF（cAMP responsive element binding/activating transcription factor）」という転写制御タンパク質をリン酸化し、そのはたらきを活性化します。これにより、種々のストレス応答遺伝子の発現が活性化され、ストレス応答が始まります。

mTOR（エムトル）

栄養飢餓に応答して活性化するもう一つの重要なタンパク質に、「mTOR（mammalian target of rapamycin、「エムトル」と呼びます）」があります。このタンパク質は読んで字のごとく、「ラパマイシン（rapamycin）」という免疫抑制剤が結合する（標的となる）細胞内の因子です。

ラパマイシンは、「モアイ」という巨大な石像で有名なイースター島の土壌の微生物（放線

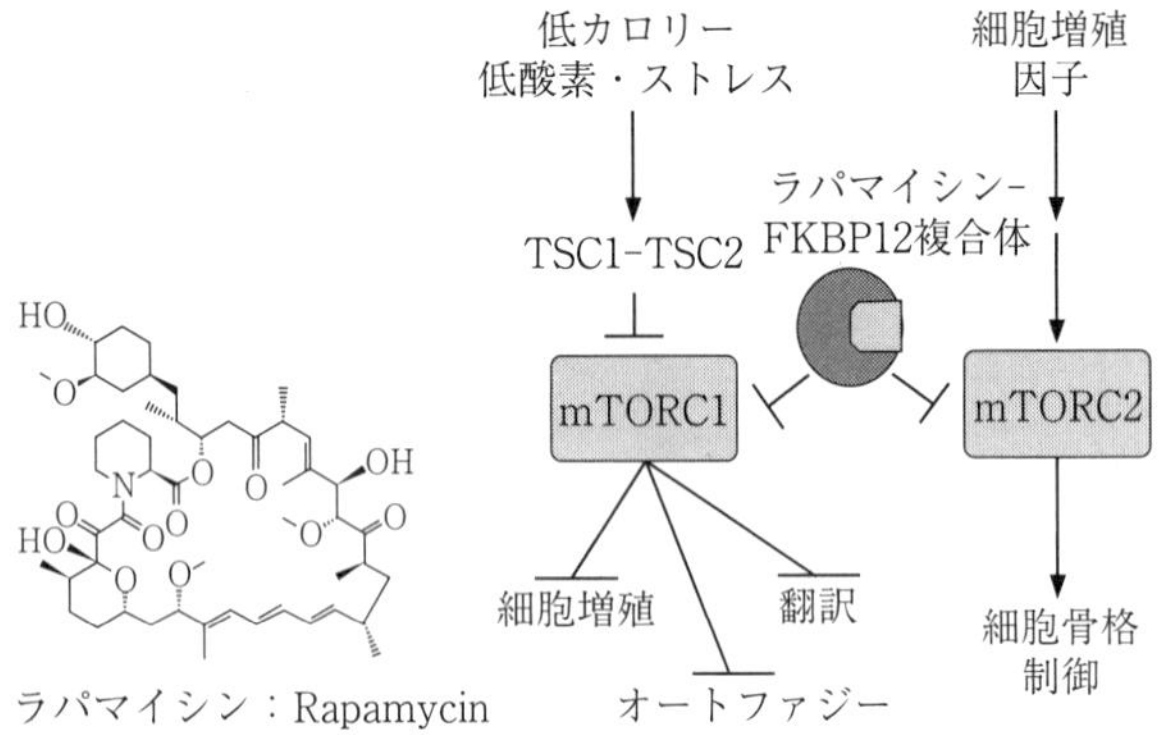

図6―2　mTORシグナル伝達経路

菌）から単離された天然物質で、強力な免疫抑制作用があります。一九七五年に最初の論文が発表されました。ちなみに、「ラパマイシン」の「ラパ」は、イースター島のポリネシア語名「ラパ・ヌイ」から取られています。

　ラパマイシンの標的であるｍＴＯＲはまず出芽酵母で同定され、後に哺乳類でその仲間が明らかにされたため、「哺乳類の」という意味を持つmammalianという修飾語が付いています。

　ｍＴＯＲの役割は、細胞の栄養状態やエネルギー・酸化還元状態、成長因子の存在などの総合的な細胞環境を判断して、細胞を成長させるかどうか、決定を行うというものです（図6―2）。

　ｍＴＯＲは栄養が豊富にあるときなどは活性状態にあり、細胞を増殖・成長させる方向に働きます。一方、栄養状態が悪いときに不活性化し、タンパク質の翻訳開始や増殖を止めるほか、「オートファジー」という細胞の自己分解システムを作動させて、細胞維持の原料を作り出したりします。オートファジーは当時東京大学教養学部の助教授だった東京工業大学の大隅良典教授らが、兵糧攻めにした酵母を顕微鏡で眺め続ける中で発見した現象です。

ｍＴＯＲの機能は、タンパク質の中のセリンやスレオニンというアミノ酸をリン酸化するキナーゼに属するタンパク質で、細胞内の信号伝達を行います。ラパマイシンによって阻害されるｍＴＯＲＣ１（ＲＡＰＴＯＲなどの制御因子が含まれます）と、ラパマイシンが効かないｍＴＯＲＣ２（ＲＩＣＴＯＲなどの制御因子が含まれます）の二種類の複合体が存在します。

免疫抑制作用のあるラパマイシン

ラパマイシンは、哺乳類では「ＦＫ結合タンパク質12（ＦＫＢＰ12）」というタンパク質に結合し、ｍＴＯＲＣ１の機能を抑制することがわかっています。ＦＫＢＰ12は、藤沢薬品工業（現在のアステラス製薬）によって筑波山の土壌細菌から見出された「タクロリムス」（以前ＦＫ５０６と呼ばれていました）が結合するタンパク質です。タクロリムスは日本初の免疫抑制剤として注目を浴び、現在はアトピー性皮膚炎などの治療にも利用されています。

タクロリムスも、ラパマイシンと同じようにＦＫＢＰ12に結合するのですが、その後に「カルシニューリン」という酵素を阻害する点がラパマイシンと異なります。これらの作用を通じて、免疫細胞を活性化する「インターロイキン」という免疫細胞を刺激する物質の生産を減らすことができ、それにより免疫機能を抑制します。

ラパマイシンは臓器移植などの際に、免疫抑制剤として利用されています。近年では、ラパマイシンに抗がん作用があることもわかってきました。がん細胞ではmTORの活性制御が正常にはたらかなくなり、細胞が常時増殖方向に導かれてしまうようです。

また二〇〇九年、ラパマイシンがマウスの寿命を一〇パーセント以上延長させる効果があったという論文が『ネイチャー』に発表され、社会的に一大センセーションが巻き起こりました[22]。つまり、ラパマイシンによってmTOR経路を阻害すると、長寿になるというのです。この点については、あらためて第8章で詳しく触れてみたいと思います。

ブドウ糖は生物にとって普遍的なエネルギー源

「ブドウ糖」は、あらゆる生物のエネルギー源や生体物質の原料としてきわめて重要な位置を占めている物質です。ブドウ糖を分解する反応経路を「解糖系」と言いますが、ウイルスなどを除き、細胞を有する全ての生物に解糖系が存在しています。

他にもいくらでもエネルギーを取り出せる物質があるのに、なぜ全生物がブドウ糖をもっとも重要なエネルギー源にしているのでしょうか。この質問は非常に単純ですが、未だに答えが得られていません。最近では、染色体研究の第一人者として著名な柳田充弘教授のグループが、ブドウ糖などが欠乏した状態の分裂酵母を用いて、細胞分裂が停止した状態の細胞がどうなっているかについて研究しており、興味深い成果を得ています。私たちの研究室でも、ブドウ糖がなくなったときに分裂酵母に見られるストレス遺伝子の発現制御機構について研究を行っています。

細胞はブドウ糖がなくなると、「糖原性アミノ酸」（アラニン、グリシン、セリン、スレオニン、システイン、トリプトファン、バリン、グルタミン酸、アスパラギン酸、メチオニンなど）などからブドウ糖を作り出します。これを「糖新生」といい、人間の体では主として肝臓で行われます（図６—３）。

ブドウ糖の飢餓状態と遺伝子発現の関係

ブドウ糖を作り出す方法としては、ブドウ糖を分解する解糖系と逆の反応があります。解糖系の反応のうち、フルクトース－６－リン酸からフルクトース－１，６－ビスリン酸の経路は、不可逆的で反対方向には普通進みません。この反対方向の反応を行う酵素が、「フルクトース－１，６－ビスホスファターゼ」です。

分裂酵母では、通常の培地（三パーセント程度のブドウ糖を含みます）で生育させているときは、ブドウ糖が十分にあるので、この酵素が全くといってよいほど発現していません。ところ

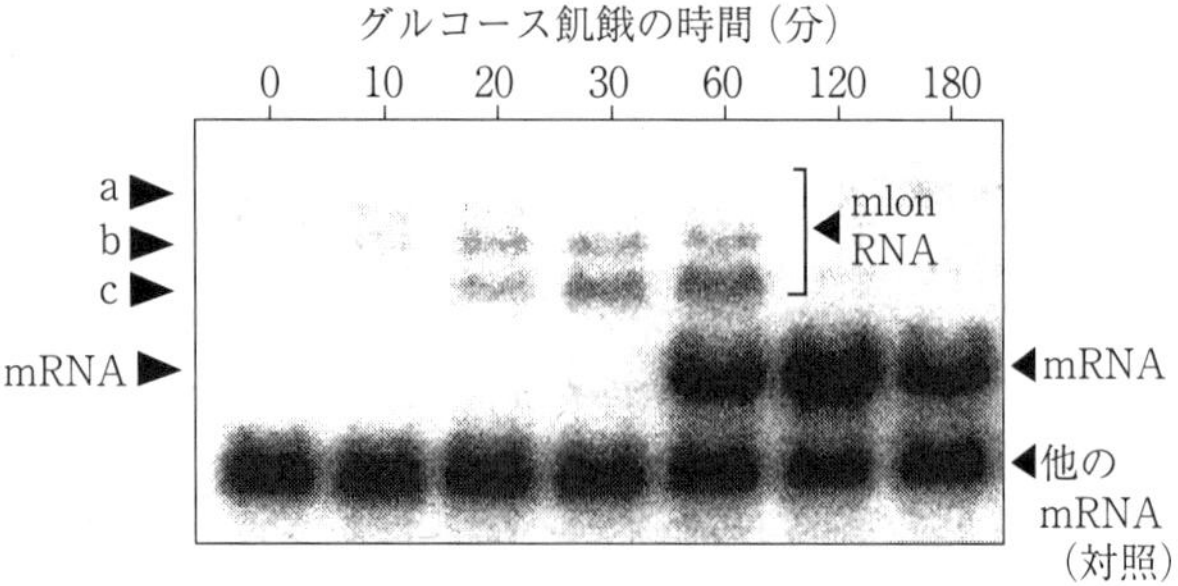
グルコース飢餓の時間（分）
0
10
20
30
60
120
180
a
b
c
mRNA
mlon RNA
mRNA
他のmRNA（対照）

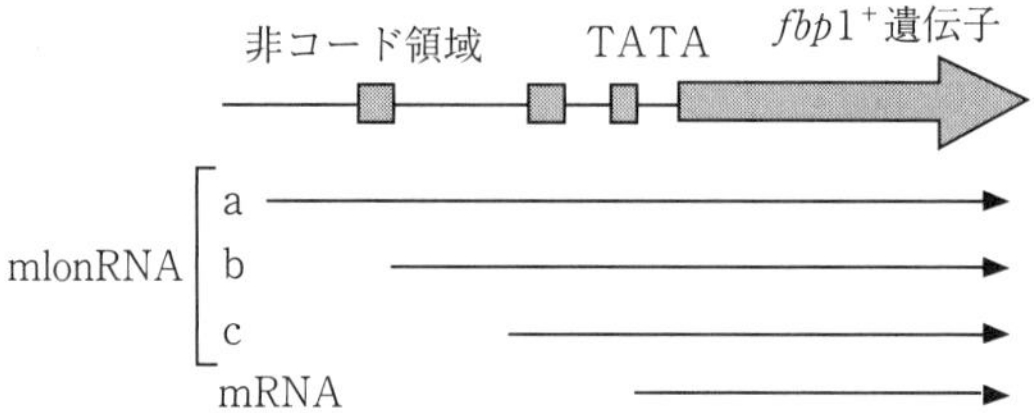
非コード領域
TATA
fbp1+遺伝子
mlonRNA
a
b
c
mRNA

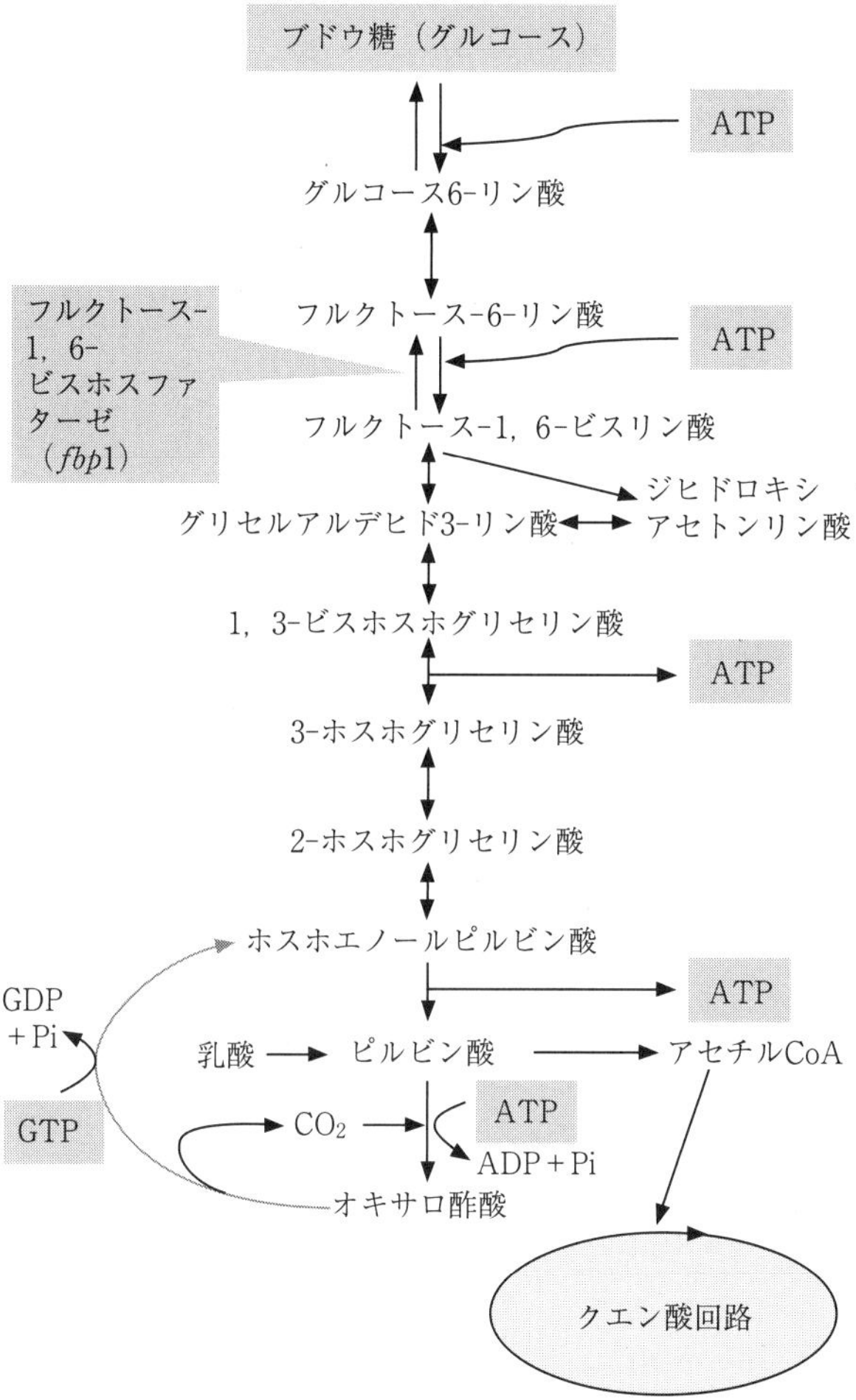

図６―３　分裂酵母のグルコース飢餓時に現れる長い非コードRNA

が、分裂酵母をブドウ糖が少ない培地（〇・一パーセント程度）に移すと、一～二時間後にこの酵素の遺伝子が大量に発現してきます。分裂酵母のフルクトース－1，6－ビスホスファターゼをコードしている遺伝子を「*fbp*1」といいます（図6―3左）。この遺伝子の発現応答の切れ味のよさは、分裂酵母の約五〇〇〇の遺伝子の中でも随一です。ボストン大学のチャーリー・ホフマン教授は、この遺伝子の発現制御に関心を持ち、解析を行ってきました。

あるとき、私たちの研究室に在籍していた首都大学東京の廣田耕志教授とホフマン教授の間で、この遺伝子の発現がクロマチンレベルでどのように制御されているか、共同研究することになりました。私たちの研究室では、この遺伝子の上流に存在する「CREB／ATF転写因子」の結合配列が、ストレスに応答してクロマチン構造の変化をもたらすことを見出していたので、*fbp*1遺伝子でも調べてみようということになったのです。

廣田教授が*fbp*1遺伝子の発現を解析してみると、たしかにブドウ糖が飢餓の状態に入ってから六〇分ぐらい経過して、*fbp*1のmRNAが大量に出てくることが確認できました。

長い非コードRNAによるクロマチンの制御

ところが、データをよく見ると、mRNAが発現するよりもかなり前から、mRNAより長い「謎のRNA」が発現していたのです（図6―3右）。このRNAの量はそれほど多くなく、注意深く見ていなければ単なるシミにしか見えないようなわずかなものでした。しかし、あまりにも頻繁にこのＲＮＡが出現することから、思い切ってこのＲＮＡの素性を明らかにしてみようということになったのです。

調べていくうちに、この謎のＲＮＡは、$fbp1$のかなり上流にある箇所（ＣＲＥＢ／ＡＴＦ転写因子の結合配列がある場所の近くです）から転写が開始され、$fbp1$のタンパク質をコードしている領域に向けてＲＮＡが伸長していることがわかりました。おまけに、ブドウ糖が減るとこの謎のＲＮＡの転写位置がだんだん下流側に移動し、それと同時にこの領域のクロマチン構造が緩んでいたのです。また、このＲＮＡは、タンパク質に翻訳されない長い非コードＲＮＡ「ｌｎｃＲＮＡ（long noncoding RNA）」の一種であることもわかりました。[22] その後、私たちはこのＲＮＡを、メタボリックなストレスで誘導されるｌｎｃＲＮＡという意味で、「ｍｌｏｎＲＮＡ（metabolic stress induced long noncoding RNA、エムロンＲＮＡ）」と命名しました。

さらなる解析で、ｍｌｏｎＲＮＡの転写によって局所的で段階的なヒストン修飾パターンの変化や、クロマチン構造の弛緩が引き起こされ、大規模な遺伝子発現に結びつくことが明らかになりました。

私たちがこの論文を『ネイチャー』に発表した頃は、まだ「ｌｎｃＲＮＡ」という言葉もなく、ヘンなＲＮＡがあるものだという受け止め方でした。ところが、同時期以降、類似のｌｎｃ

RNAが続々と報告され、その多くが遺伝子発現に重要な役割を果たすことがわかってきたのです。たとえば、以前から知られていたX染色体の不活性化で重要なはたらきをする*Xist* RNAなども、lncRNAの一種と考えられるようになりました。

ちょっと前まで「遺伝子発現のノイズ」とか、「ガラクタRNA」とか言われていたものが、一躍「舞台の主役」に躍り出てきた感じです。lncRNAは、ガンや炎症性疾患、メタボリック症候群などのさまざまな病気との関連が指摘されていて、今後重要な創薬標的になると期待されています。

飢餓ストレスとエピジェネティクス

非コードRNAの箇所で述べましたが、限られた遺伝子の発現をいろいろな組み合わせで制御するためには、タンパク質をコードしている遺伝子の数は少ない気がします。多様な遺伝子発現の制御を実現するために、機能性のlncRNAが代用されてきたのかもしれません。実際、ある種のlncRNAは、エピゲノム制御に関わるタンパク質と複合体を形成し、狙った部位にこれらの因子を運び込む役割をしていると考えられています（図6―4）。

少々飛躍がありますが、このような研究を総合して、一つの仮説を考えるにいたりました。それは、ヒストン修飾などエピゲノム修飾のシステムは、「栄養の枯渇などの環境ストレスに適応

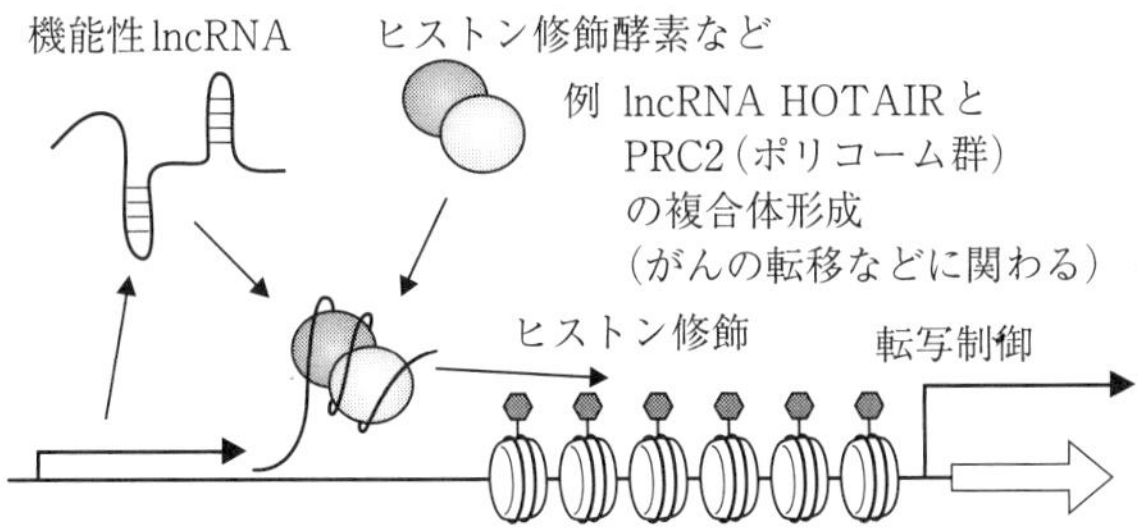

図6—4　ヒストン修飾酵素の呼び込みに関与する長い非コードRNA（lncRNA）

する遺伝子制御システムを元に発達してきた」というものです。

ヒストン修飾酵素が、代謝経路や栄養経路の代謝産物と密接な関係を持つのは、その名残なのかもしれません。なお、上記の*fbp1*の遺伝子制御で重要な役割を果たす「CREB／ATF転写因子」を介した遺伝子制御のメカニズムは、ヒトなどでも重要な役割を果たします。たとえば、脳における記憶の形成や、世代を超えたエピゲノムの伝承などの項目で、CREB／ATF転写因子によるエピゲノム制御の話が再度登場します。

クロマチンは必要に応じてどのように緩むのか

ヒストンの修飾やDNAのメチル化など、エピゲノム修飾が起こった後、どのようにして遺伝子発現が制御されるのでしょうか。遺伝子が発現するためには、転写のプロモーター領域のDNAが露出した状態であることが必要です。

遺伝子発現の活性化に関わるエピゲノム修飾が施されると、その周辺のクロマチンが弛緩し、転写に適した「アクセスしやすいＤＮＡ環境」が局所的に構築されます。逆に、遺伝子発現を抑制するエピゲノム修飾が行われると、その周辺にはヘテロクロマチンのような凝縮したクロマチンが形成されます。

これらの、局所的なクロマチン構造の形成を担う因子が、「クロマチン再編成因子」や「クロマチン・リモデラー」、あるいは「ＡＴＰ依存型クロマチン再編成因子」と呼ばれるものです。

クロマチン・リモデラー

ＡＴＰは、「アデノシン三リン酸」という物質で、ＲＮＡ合成にも用いられるヌクレオチドの一種です。三つリン酸基が付いていて、これが一つはずれてＡＤＰ（アデノシン二リン酸）になるとき、大きなエネルギーを放出します。生物はこのＡＴＰ分解時のエネルギーを用いて、さまざまな生命活動を行います。

また、食物や光合成などにより、エネルギーを外部から調達すると、ＡＴＰに変換していろいろな活動に利用できるようにします。このような性質を持つため、ＡＴＰは「生物のエネルギー通貨」と呼ばれています。

クロマチン再編成因子は、分子の中にＡＴＰのリン酸基を分解してＡＤＰに変換し、そのエネ

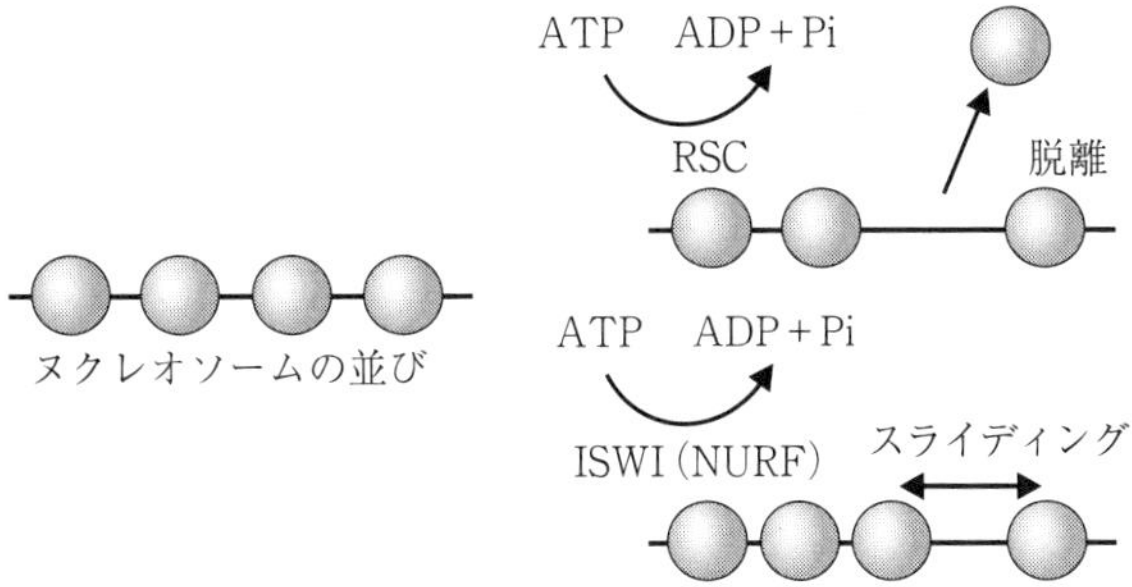

図６―５　ATP依存型クロマチン再編成因子

ルギーのはたらきで局所的なヌクレオソームの移動や解離を引き起こします。大きく分けて、「Ｓｗｉ／Ｓｎｆタイプ」「イミテーション・スイッチタイプ」「Ｍｉ２タイプ」「ＩＮ０８０タイプ」の四つの型があります。

クロマチン再編成のしくみ

これらのクロマチン再編成因子は、どのようにクロマチンの再編成に関わるのでしょうか。一つの可能性は、ヒストンとＤＮＡの相互作用を弱め、ＤＮＡ上のヒストンの動きを円滑にするというものです。これにより、ヒストンがＤＮＡ上を滑り動くことが可能になり、むき出しのＤＮＡ領域が生じやすくなるというわけです（図６―５）。

もう一つの可能性は、クロマチン構造から局所的にヒストンが脱離するというものです。複合体によってクロマチン再編成のしくみは異なりますが、いずれにしてもＡＴＰの加水分解エネルギーを用いている点は共通しています。

クロマチン再編成因子は、遺伝子を活性化、または不活性化するにしても、特定の遺伝子にのみ選択的に作用しなければなりません。そうしないと、特定の組織で必要とされる遺伝子だけを活性化することができなくなります。クロマチン再編成因子の作用する場所は、遺伝子発現を制御するプロモーターやエンハンサーなどの領域です。でも、どうやって、これらの領域に限定的にクロマチン再編成を引き起こすことが可能になるのでしょうか。

遺伝子を調節するDNA領域、たとえばプロモーターやエンハンサーなどには、先に述べたとおり、特定のDNA配列が存在します。これらの配列には、それらの遺伝子の活性化に必要な転写調節因子が、DNA配列を識別して選択的に結合します。クロマチン再編成因子の選択的作用についてのもっとも単純な説明として、これらの転写調節因子にクロマチン再編成因子が結合し、間接的な形で遺伝子の制御を行うプロモーター領域に呼び込まれるという機構です。

ヒストン修飾とクロマチン再編成の連係

ショウジョウバエの「ハンチバック」という転写抑制を行うDNA結合タンパク質は、形態形成に関わる「*HOX*遺伝子群」に結合し、転写を抑制します。この際、クロマチン再編成因子Mi2がハンチバックと結合します。

酵母のSwi／Snfクロマチン再編成因子も、さまざまな転写調節因子に結合し、それらの結合部位に呼び込まれることが知られています。酵母のイミテーション・スイッチ型クロマチン再編成因子も、特定の転写調節因子に結合することによって、目標のDNA領域に呼び込まれます。

上記と相反しないもう一つのメカニズムとして、クロマチン再編成因子の作用する場所をヒストン修飾が決めるというものです。たとえば、酵母のSwi／Snfクロマチン再編成因子が、接合型変換に関わるある種の遺伝子を活性化する場合、ヒストン・アセチル化酵素（HAT）であるGcn5と協力してその遺伝子のプロモーターに作用します。Gcn5自身はDNA配列に特異的に結合する転写制御因子によって、目的のDNA領域に呼び込まれ、結合した領域の周辺のヒストンをアセチル化します。この働きと、クロマチン再編成因子が合わさることで、転写の活性化が最大化されることになります。

Mi2型クロマチン再編成因子については、ヒストン・脱アセチル化酵素が複合体に含まれていますので、クロマチン再編成因子として作用する際、ヒストンの脱アセチル化を引き起こすことになります。このように、エピゲノム修飾と局所的なクロマチン再編成は相互に関連し合いながら、遺伝子発現の正または負の調節に関わっているのです。

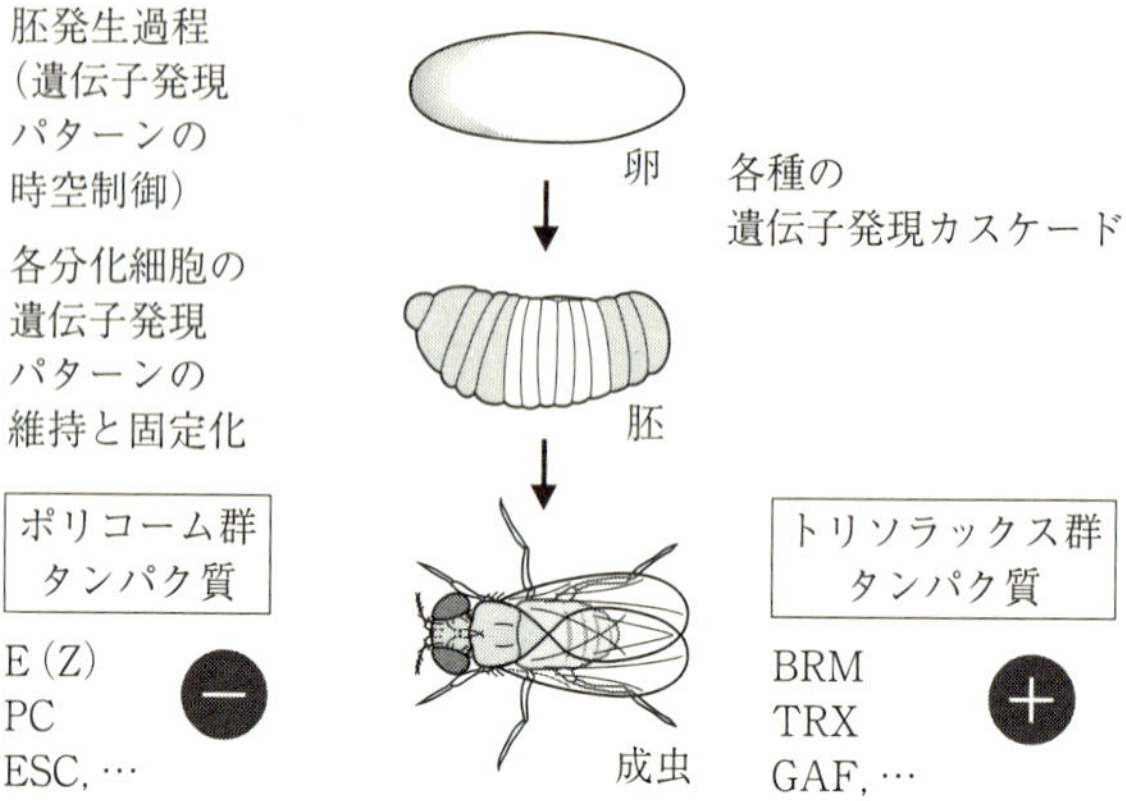

図6—6　ショウジョウバエの発生とポリコーム群タンパク質とトリソラックス群タンパク質

ポリコーム群タンパク質

ここまで、ヒストンやDNAに変化を引き起こしたり、その場所をマークしたりするクロマチン制御因子について見てきました。生物が一つの受精卵から、多様な器官を形成し、それらが別の器官に変化することなく安定にはたらくためには、一度確立したエピゲノム状態を維持する機構が必要になります。このエピゲノム状態の維持にはたらく因子が、「ポリコーム」と「トリソラックス」というタンパク質のグループです（図6—6、6—7）。

「ポリコーム」は、ショウジョウバエのポリコーム変異の原因遺伝子として最初に同定されたタンパク質です。ショウジョウバエのオスの第一肢には「セックス・コーム」という櫛のような形をし

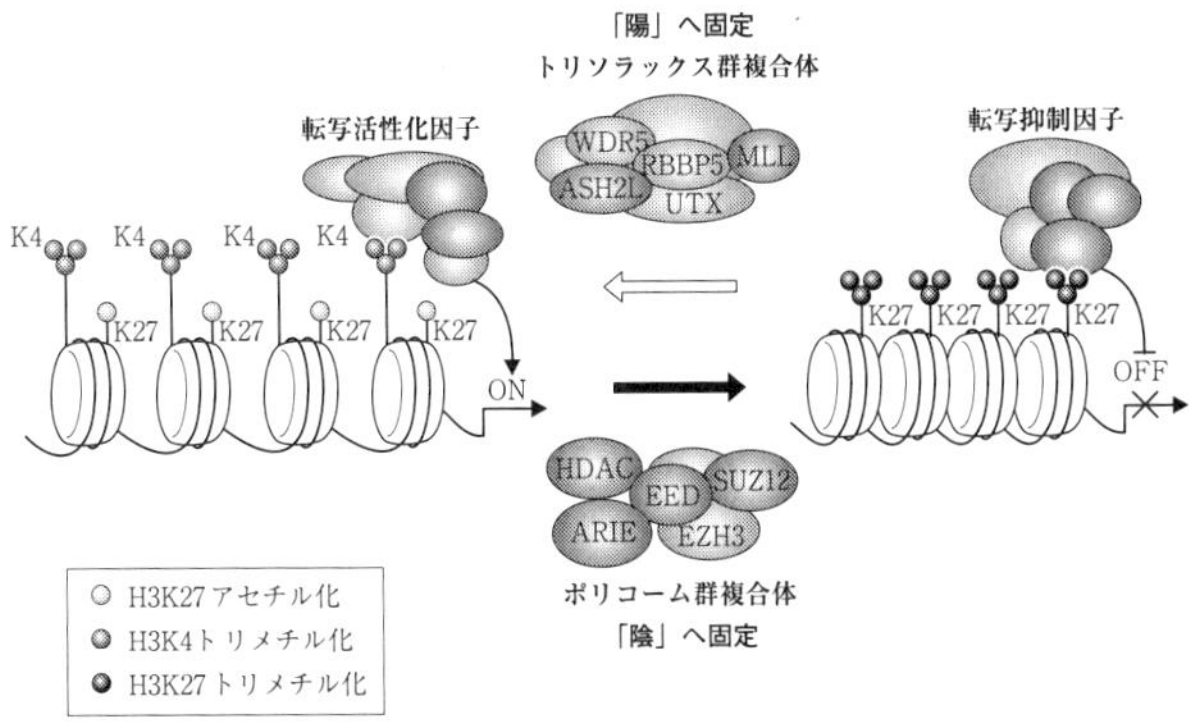

図６―７　ポリコーム群タンパク質とトリソラックス群タンパク質は遺伝子発現パターンを固定化する

た構造物があります。ショウジョウバエのポリコーム遺伝子が異常になると、このセックス・コーム構造が別の場所に形成されるようになります。つまりポリコーム遺伝子は、発生段階でショウジョウバエの形態形成を制御しているのです。

その後、この遺伝子が作り出すタンパク質が、巨大な複合体を形成して核内の染色体に結合していることがわかりました。また、ポリコーム遺伝子に似た配列を持った遺伝子が、ヒトやマウスなどの高等動物にも存在することがわかってきたのです。似たようなタンパク質が多数存在しているので、「ポリコーム群」は一つのグループにまとめられています。

ポリコーム群タンパク質は、局所的に形成された抑制的なクロマチン構造を固定する機能を持っています。ポリコーム群タンパク質によって抑制的なクロマチン構造を取る領域に存在する遺伝子は、ちょうど、ある種のスイッチが決してオンにならないように、「封印ロック」したような状態になっているのです。

トリソラックス群タンパク質

これに対し、「トリソラックス群」のタンパク質は、遺伝子の活性化状態を保つという逆のはたらきをします。ポリコーム群タンパク質が「陰」だとすると、トリソラックス群タンパク質は「陽」のはたらきを持つと言えます（図6―7）。

一つの受精卵から、多数の組織や器官を構成する異なる細胞に分化する過程で、ある染色体領域ではポリコーム群が遺伝子をオフになるように固定し、別の部位では、トリソラックス群が遺伝子をオンになるように固定していきます（図6―6）。このプロセスが発生段階で積み重なっていき、多くの遺伝子でそれぞれの組織に適した遺伝子だけが活性化されて、その状態が細胞分裂を経ても維持されていくことになります。

したがって、我々成人の体の中では、ポリコーム群タンパク質とトリソラックス群タンパク質の双方により、細胞レベルで「エピジェネティックな記憶」が確立されているということになります。

ポリコーム群タンパク質は、ヒストン修飾やDNAメチル化、非コードRNAと密接な関係があることがわかってきました。ポリコーム群タンパク質はヒストン・脱アセチル化酵素（HDAC）や、DNAメチル化酵素（DNMT）などと結合して、複合体を作っています。また、長い非コードRNAであるlncRNAと結合して、標的となる領域に呼び込まれたりするようです（図6―4参照）。このような、複数のエピゲノム修飾が連係することにより、細胞内の遺伝子発現の記憶が成立することになるわけです。

以上、かなり詳細にエピジェネティクス制御に関わる役者たちについて見てきました。これらの因子のはたらきが明らかになってくることで、それまで謎であったさまざまな現象が、エピジェネティクスという一つのキーワードで説明できることがわかってきたのです。

「分子生物学」が強力だと私が思う理由の一つは、生命現象に関わる一つの分子の素性がわかってくることで、急に視野が開け、芋蔓式に未知の問題が解明されていく点です。

生物学を一度化学の言葉に置き換えることで、あらかじめ人間が想定していたしくみを遥かに超越した、自然界の偉大な姿が見えてきます。これこそまさに、分子生物学を研究しているものの醍醐味と言えます。以降の章では、これらの役者がどのようにさまざまな高次の生命現象に関わっているのかについて、見ていくことにしましょう。

第7章　エピゲノムによる生命の制御

女性は遺伝的に強い

いつの頃からか、男性がどことなくひ弱になってきたと言われるようになりました。「草食系男子」などということばも編み出されましたし、男性に対する女性の好みも変化してきたようです。最近は、少々女性的な男性の方が女性に人気があるのでしょうか。

いっぽうで、日本の女性は大変たくましくなりました。サッカーのワールドカップやオリンピックでも女性が大活躍しています。海外でも「大和撫子」は非常に人気があります。そのいっぽうで、残念ながら日本男児の影が薄いようです。

じっさい生物学的に見ると、このような最近の傾向と同様、女性は男性に比べて生命力が強いようなのです。たとえば、「男の子と女の子のどちらが強いと思いますか」という質問をすると、大抵の母親は女の子の方が強いと答えます。男の子はやんちゃで動き回って活発な割に、病気になりやすかったりするからです。

人間の男女の出生比率は、人種や時代によらず、大体女児一〇〇に対して、男児が一〇四〜一〇七ぐらいの割合になっています。ところが、平均寿命は女性が八五・九〇歳（二〇一一年次の厚生労働省発表値）で、男性は七九・四四歳と、女性の方が長生きになっていて、年配層では女性の比率が高くなります。生物学的に見ると、男性はどうやら「粗製濫造」なようです。

X染色体の不活化

このように女性が男性に対して生命力が強い理由の一つが、「X染色体の不活化」というエピジェネティックな現象にあると考えられます。ヒトの体細胞（DNA複製の前）は、二二対で合計四四本の常染色体（普通の染色体）と、一対で二本の性染色体、合計で四六本の染色体を持ちます。

性染色体（性を決定する染色体）にはX染色体と、短めのY染色体があります。女性はX染色体を二本持っており（XXと表記します）、男性はX染色体とY染色体をそれぞれ一本ずつ持っています（XYと表記します）。言い換えると、女性は男性の二倍のX染色体を持っているのです。

染色体の数が増えると、それだけ遺伝子の発現量も増え、細胞内にその遺伝子がコードするタ

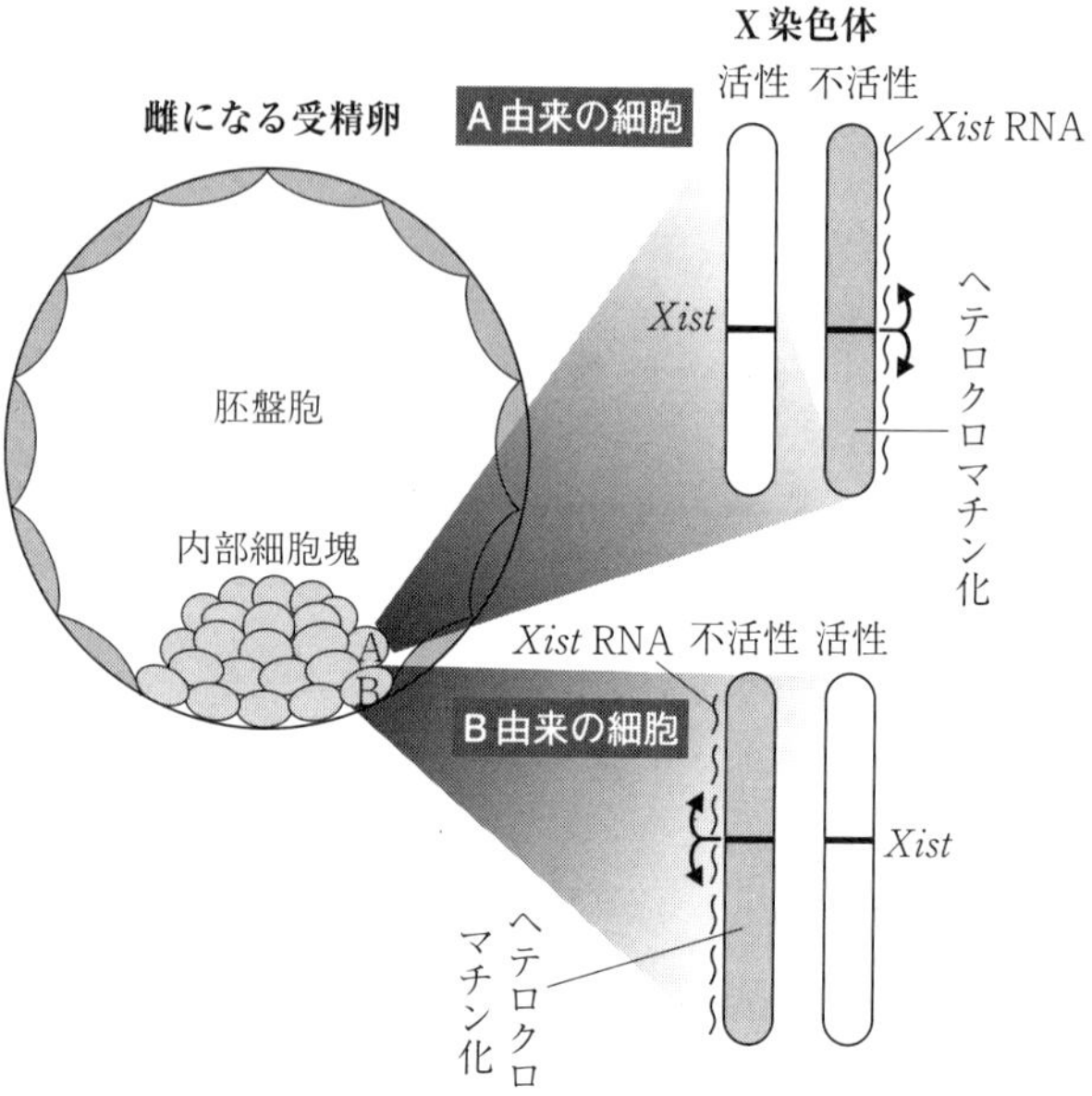

図7—1　X染色体の不活化

ンパク質が多く作られることになります。このように一部のタンパク質だけが細胞内に多く存在すると、細胞の機能が上手く作動しなくなることがあります。

実際にヒトでは、たった一種類の染色体の数が二本から三本に増えるだけで、胎児の時に流産したり、出生に至ったとしても「ダウン症」（第二一番染色体が三本になっています）などの遺伝的な疾患になったりします。

一つの細胞内での遺伝子の発現量というのは、そのぐらい厳密にコントロールされているのです。

そこで、細胞には遺伝子発現量を

平準化し、一部の遺伝子だけが幅をきかせないようにする「遺伝子量補正」というしくみが備わっています。

男性に比べて二倍のX染色体を持つ女性では、遺伝子の発現量を半分にするため、二つのX染色体の片方を不活化し、もう一方のX染色体だけから遺伝子が発現するようになっています。X染色体全長にわたって生じるこの遺伝子量補正を、「X染色体の不活化」と言います（図７―１）。不活化されたX染色体は全長にわたってヘテロクロマチンになっており、極度に収縮して「バー小体」と呼ばれる微小な塊を細胞核内に形成します。

不活化されるX染色体はランダムに決まる

X染色体は受精直後の卵ではどちらも不活化されていません。受精卵が分裂し、二〜四細胞の時期になると、「ゲノム刷り込み」と呼ばれる機構により、まず父親由来のX染色体が不活化されます。胎盤など、初期胚に由来する胚体外組織では、この初期のX染色体の不活化がずっと維持されます（北海道大学の高木信夫教授［当時］が発見）。なお、カンガルーやコアラなどの有袋類では、受精直後に施されたゲノム刷り込み型のX染色体不活化がずっと維持されます。したがって、有袋類では必ず父方由来のX染色体が不活化されます。

一方、胎盤を持つ哺乳類「有胎盤哺乳類」では、後に個体となる「内部細胞塊」（図７―１）

で、この初期段階のX染色体の不活化が一度消去され、細胞分裂が継続して起こる過程で、どちらかのX染色体がランダムに不活化を受けます。その後、この不活化のパターンは、エピジェネティクスの特徴である細胞記憶の支配を受け、分裂後の細胞に継承されていきます。

三毛猫とX染色体

X染色体の不活化に関する生命現象で有名なのは、「三毛猫」の体毛色パターンです。三毛猫の体毛を白または黒にする遺伝子は、常染色体に二種類（*A*遺伝子と*S*遺伝子）存在し、もう一つの茶色に発色させる*O*遺伝子はX染色体に存在しています。この*O*遺伝子の発現は、X染色体の不活化の影響を受けることになります。*O*遺伝子が野生型と欠損型のヘテロの状態（つまり*Oo*）になっている雌猫が、三毛猫になります。

野生型の猫の体毛をよく見ると、実は体毛の先端は黒くなっていて、中央部分は茶色、そして毛の根元は再び黒くなっています。この毛色のパターンを「アグーチ」と言い、犬やネズミも同じパターンを持ちます。ちなみにこの名前は、南米に生息する齧歯類から取られたものです。アグーチの毛色パターンを決定しているのが*A*（アグーチ）遺伝子で、ヒトを含む全ての哺乳類がこの遺伝子を持っています。

アグーチ遺伝子に突然変異が入って機能を失った変異遺伝子*a*では、毛が全体に黒くなります。三毛猫には、実は（白、茶、黒）のパターンがはっきり出ている「くっきりタイプ」と、「キジ三毛」という中間的な配色（白、茶、焦げ茶）のタイプがいます。前者では、アグーチ遺伝子が *aa* という具合に変異型のホモになっており、後者は *Aa* というヘテロの状態になっています。

X染色体上にある *O* 遺伝子は、*A* 遺伝子のはたらきを抑える機能を持っています。そのため、*O*（オレンジ）遺伝子が野生型の場合は、*A* 遺伝子がどうであれ、黒色が抑えられて、茶色の毛が生じます。

逆に、*O* 遺伝子に変異が入って機能が失われると、*A* 遺伝子の働きでアグーチの毛色パターンになります。この場合、*O* 遺伝子は *A* 遺伝子に対して「遺伝学的に上位（エピスタティック）」に作用すると言います。「上位」というのは、*A* 遺伝子がどうであれ、最終的な *A* 遺伝子の表現型が *O* 遺伝子の型に支配されるということを意味します。

ここで、*A* 遺伝子がいずれもホモ変異型の *aa* で、野生型 *O* 遺伝子と変異型 *o* 遺伝子をヘテロ（*Oo*）に持つ雌猫を考えてみましょう。X染色体の不活化により、雌猫の体の一部では、野生型 *O* 遺伝子が発現し、その他では変異型の *o* 遺伝子が発現しています。前者の領域では変異型 *a* 遺伝子が抑制されますので、茶色の毛色になります。後者の領域では、抑制がはたらかないので、変異型 *a* 遺伝子の性質が前面に表れて、黒い毛になります。しかし、これでは黒と茶の「二毛猫」になってしまいます。実際に黒と茶色の斑の猫を見かけますが、これはそのパターンです。

三色の毛色の猫ができるには、さらに*W*（ホワイト）遺伝子という体毛を白にする遺伝子と、*S*（アンドホワイト）遺伝子という「ぶち」を作る別の二つの遺伝子が関与しなければなりません。*W*遺伝子は優性遺伝子で、野生型*W*遺伝子が一つでもあると、白猫になってしまいます。三毛猫は必ず二つの*W*遺伝子が変異型の*w*となっていないといけません（*ww*）。一方の*S*遺伝子は、白斑の模様を作る遺伝子です。この遺伝子があるおかげで、白毛の「ぶち」が出てくるわけです。ここで質問します。この場合の三毛猫（くっきりタイプ）の遺伝子の型は、どうなっているかわかりますか。※解答は章末

三毛猫は「コピー」できない

以上の通り、三毛猫は雌にしか見られないX染色体の不活化というエピジェネティックな現象によって生まれます。したがって、三毛猫は基本的に「雌」ということになります。

一方で、雄の三毛猫がごく稀に生まれることがあります（大体三万匹に一匹ぐらいの頻度だそうです）。雄の三毛猫は、実はX染色体を二つ、Y染色体を一つ持っています。雄なのにX染色体が二つあるため、X染色体の不活化が起こり、三毛猫になれるわけです。非常に「稀な猫」なので、高価で取り引きされたとか、船乗りにお守りがわりに用いられた、などの逸話がありま

す。実際に第一次南極観測隊が乗った「宗谷」に、雄の三毛猫「タケシ」が同行しています。ちなみに、ヒトの場合X染色体が一本多くなると、女性っぽい感じになります。このような性染色体の異常を「クラインフェルター症候群」と言います。

三毛猫の話で重要な点は、二つあるX染色体上の遺伝子のどちらが発現するのかは、「細胞系列ごとにランダムに決まる」という点です（図7―1）。ちょうど三毛の斑のように、ある場所の細胞では片側のX染色体上の遺伝子が発現し、別の場所の細胞ではもう片方のX染色体の遺伝子が発現する、つまり遺伝子発現がモザイク状になっているわけです。このモザイクのパターンは、あくまでランダムに決まるので、三毛猫の模様は偶然の所産と言うことになります。したがって三毛猫のクローンを作ろうとしても、模様は全く同じにならないということです。

本書の「プロローグ」で述べたように、米国のジェネティック・セービングス・アンド・クローン社は、クローン技術を使ってペットのクローンを作るベンチャー企業でした。この会社は体細胞クローン技術を用いて、クローン猫（名前はカーボンコピー、あるいはコピーキャットの略である「cc」）を作製した実績を持ちます。

このクローン猫は実は三毛猫だったのです。親の三毛猫は「レインボー」という名前の猫でした。二〇〇一年に、この猫から採取した細胞から核を単離し、別の猫の胚に導入して体細胞クローンを作製したのですが、生まれたccはコピー元のレインボーとは異なり、純粋な茶色の部分がない「三毛猫」でした。

ジェネティック・セービングス・アンド・クローン社は、その後二〇〇六年に廃業し、ペットクローン事業はバイオアーツ社に移りました。この会社も、二〇〇九年にペットクローン事業を中止してしまいました。実際にコピーペットを欲しがる人がそれほど多くなく、市場が小さかったのがその理由です。

ジェネティック・セービングス・アンド・クローン社の場合、一匹五万〜一〇万ドルもするので、よほどのお金持ちでないと注文できませんでした。もう一つは、体細胞クローンで作製したクローン猫やクローン犬には、ccのように体毛色パターンが違ったり、奇形などの障害が現れたりするケースがあり、依頼主の納得が得られなかったようです。

色覚障害とX染色体

X染色体上の遺伝子に関するモザイク状の発現が起こるのは、哺乳類では雌に限定されます。雄ではX染色体は一つしかありませんので、これが不活化されることはあってはならないからです。このモザイク状の遺伝子発現が、女性が遺伝的に強い原因なのです。

X染色体上の遺伝子に起因する遺伝的な特性として、「赤緑色盲」や「赤緑色弱」がありま す。こうした方々は、「赤」と「緑」の区別が付きにくい症状を示します。男性の七パーセント、女性の〇・六パーセントがこの症状を示すことから、男性に多く見られることがわかります。

赤緑色盲の原因遺伝子である「オプシン遺伝子」はX染色体上に二つ存在します。人間には合計で三つのオプシン遺伝子がありますが、もう一つは常染色体上に存在しています。オプシン遺伝子が作り出すオプシンというタンパク質は、眼の網膜に存在する錐体細胞に発現しており、光を認識するはたらきをしています。

三種類あるオプシンは、それぞれ少しずつアミノ酸配列が違っていて、吸収する光の波長も青、緑、赤と異なります。オプシンの遺伝子は、一つの錐体細胞で一種類しか発現しません。ですから、錐体細胞には、「青錐体」、「緑錐体」、「赤錐体」の三種類があることになります。なお、常染色体上に存在するのが「青オプシン」で、「赤オプシン」と「緑オプシン」はX染色体上に存在します。

色を識別するオプシン遺伝子の先祖返り

これらの遺伝子は、遺伝子重複というしくみによって、もともと一つの遺伝子から派生し、分かれていったものと考えられています。特に、X染色体上の赤オプシンと緑オプシンは、分岐してからそれほど時間が経過しておらず、配列が非常によく似ています。

似た配列が染色体上に存在すると、コピー・アンド・ペースト型のDNA組換えである「遺伝子変換」により、遺伝子が交互に混ざり合い、同じ配列になるように変化していきます。これを重複遺伝子の「共進化」と言います。

重複遺伝子がそれぞれ別の機能を持っていることが、生存上有利な場合（色の区別ができる方が、食物を取ったり、天敵から逃れたりするのに有利と考えられます）、重複遺伝子はこの共進化から逃れて、二つの遺伝子の配列が異なる方向に変化していきます。ある一定以上配列の差異が生じると遺伝子変換が起こらなくなり、配列が安定的に分岐していきます。

一方、まだ重複遺伝子の配列変化が乏しい段階では、遺伝子変換が起こりやすく、遺伝子の混ぜ合わせによる変異も入りやすくなります。このような遺伝子変換により、赤オプシン遺伝子と緑オプシン遺伝子がどちらかに上書きされ、片方の機能が失われる場合があります。また、オプシン遺伝子に変異が導入されて、吸収波長が赤もしくは緑側にシフトし、赤と緑の区別がつかなくなるケースも考えられます。つまり、色覚異常はオプシン遺伝子の「先祖返り」に起因するところがあるのです。

女性は色覚障害になりにくい

モーガンのハエの実験で紹介した「伴性遺伝」ですでに述べましたが、X染色体上に存在する

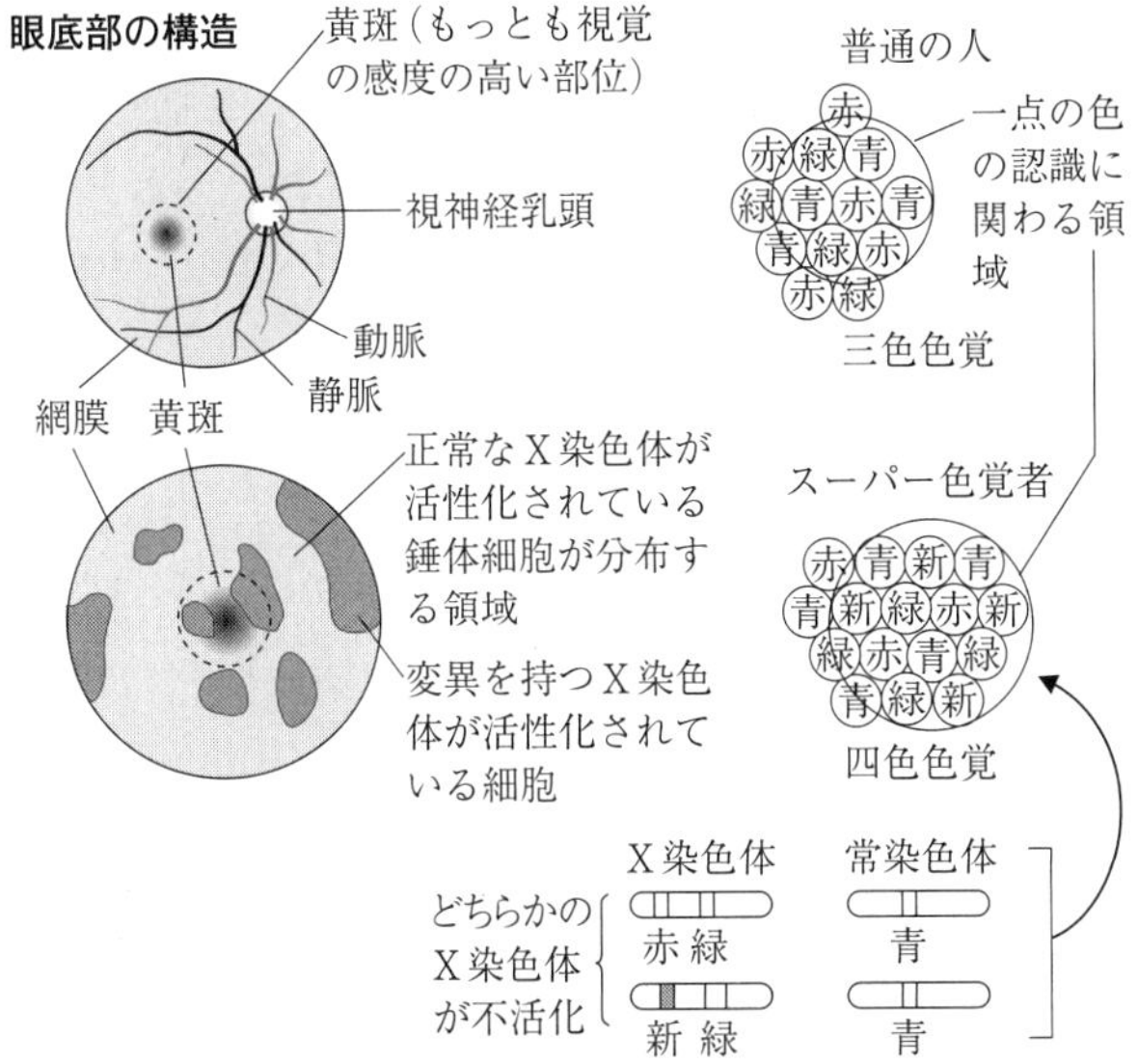

図7―2　女性に色覚異常が少ない理由

遺伝子の変異は、性によって表現型が異なります。赤緑色盲に関与する二つのオプシン遺伝子の変異は、いずれも劣性変異です。両者はX染色体上にあるため、X染色体を一つしか持たない男性に強く症状が出ることになります。

一方、女性ではX染色体が二本あるので、どちらかが野生型のオプシン遺伝子を持っていれば、赤緑色盲にはなりません。X染色体の両方でオプシン遺伝子に変異が入った場合のみ、赤緑色盲になるので、非常に頻度が低くなるということです。

しかし、女性ではX染色体の片方は不活化されると述べました。すると、変異型オプシン遺伝子があった場合、野生型のオプシン遺伝子のある染色体が不活化されれば、ヘテロの遺伝子組成でも赤緑色盲になってしまうはずです。では、なぜ女性は変異による表現型が表面化しにくいのでしょうか。

それは、三毛猫の体毛色と同じように、X染色体の不活化により、網膜の錐体細胞で二つのX染色体上のオプシン遺伝子がランダムかつモザイク状に発現するからです(図7―2)。一部の錐体細胞で変異型のオプシンが発現していても、別の錐体細胞で正常な赤もしくは緑オプシンが発現すれば、色覚としては通常の三色の認識が可能になるわけです。

女性の八人に一人が持つかもしれない「スーパー色覚」

網膜錐体細胞におけるオプシン遺伝子のモザイク的な発現によって、女性の中に「スーパー色覚」を持つ人が一定数いると考えられています。スーパー色覚者とは、通常の「三色色覚」の人と異なり、「四色」を識別できるため、色の識別が繊細で、細かな色の変化がわかる人のことを言います。

通常の三色色覚者では、約百万色を識別可能です。ところが、スーパー色覚者は一億色も見分けられると言います。ある研究者の推定によれば、一二パーセントの女性がスーパー色覚を持っているとのことです。ガブリエラ・ジョーダン博士らの二〇一〇年の論文によると、二四人中一人が四色色覚者の基準だったことから、かなりの割合で存在することになります。皆さんの近くにも、スーパー色覚を持つ女性がいるかもしれませんね。もっとも、彼女らに世界がどう見えているか、我々男性にとっては知る由もありませんが。

さて、どうして女性に四色色覚者が出てくるか説明してみましょう。要点だけかいつまんで述べますと、X染色体の片方でオプシン遺伝子に変異が入り、従来とは異なる吸収波長を持つオプシンが生じたからです。男性でこの種の変異が入ると、X染色体は一本しかありませんので、色の識別が弱くなるだけです。

ところが女性では、常染色体由来の正常な青オプシン、片方のX染色体から発現する正常な赤オプシンと緑オプシン、もう一方のX染色体から発現される変異型オプシン遺伝子という合計四種のオプシン遺伝子が、個々の錐体細胞に発現します（図7―2）。つまり、スーパー色覚の女性は、X染色体の不活化がランダムに入ることで、「追加のオプシン」を発現することが可能になり、通常は識別しにくい波長を敏感に識別することができるようになるというわけです。

X染色体を不活化するRNA

X染色体の不活化はどのようなしくみで起こるのでしょうか。このメカニズムは現在活発に研究が行われている最中で、まだ不明な点がかなり残されています。以下に、現在までにわかっていることだけ記してみます。

まず、不活化を受けるX染色体ですが、ヘテロクロマチンを全長にわたって形成しています（図7―1　ただし、ヒトの場合、不活性なX染色体上でも一五パーセントの遺伝子が不活化されず、発現されています）。不活性なX染色体では、ヒストンH3の九番目のリシン（H3K9）などがメチル化を受けています。

これらヒストン修飾は、すでに述べたとおり、ヘテロクロマチンを形成するマークとなっています。また、DNAのメチル化も顕著に起こっています。つまり、X染色体の不活化は、エピジェネティックなヒストン修飾や、DNAメチル化によってもたらされているのです。

X染色体の全長にわたってヘテロクロマチンが展開するしくみですが、これにはX染色体上から発現している「*Xist*」というRNAが重要な役割を果たしています（図7―1）。このRNAは、前にも何回か登場した「長いノンコーディングRNA（lncRNA）」と呼ばれているものの一種です。*Xist* RNAが合成されると、同じ染色体上の*Xist*遺伝子の近くに結合し、この結合を介して、ヒストン・メチル化酵素やDNAメチル化酵素などを呼び込むと考えられています。ちょうど、*Xist* RNAがこれらの酵素をたぐり寄せる骨格のようなはたらきをしているのです。

Xist RNAの結合を介して、ひとたびX染色体の結合部位にヘテロクロマチンが形成さ

れると、X染色体全長に及ぶヘテロクロマチン化にスイッチが入ります。まず、ヘテロクロマチンに結合するタンパク質「HP1」が「ヒストン・メチル化酵素」を呼び込みます。そして、その周囲に存在するクロマチンに含まれるヒストンH3に対して、ヘテロクロマチンのマークである「H3K9のメチル化」が修飾されていきます（105ページ参照）。*Xist* RNAについても、X染色体全体にベタベタと結合します。RNAとタンパク質の協調作業によって、全長にわたってヘテロクロマチンが形成されていくのです。

その後、ヘテロクロマチン領域に「DNAメチル化酵素」が呼び込まれ、より強固に遺伝子の不活化が行われることになります。この頃になると、X染色体はヘテロクロマチン化を通じて極度に収縮し「バー小体」を形成します（169ページ参照）。

Xist RNAの発現を調節するアンチセンスRNA

Xist RNAですが、このRNAの発現を調節している別のlncRNA「*Tsix*」があります。この*Tsix* RNAは、ちょうど*Xist* RNAの反対側のDNA鎖を鋳型に合成される「アンチセンスRNA」です。つまり、同じDNA領域で「表側」と「裏側」の二種類のRNAが合成されるわけです。

アンチセンスRNAとセンスRNAは、DNA二本鎖のようにワトソン・クリック型の塩基対を形成して、お互いに対合し、「二本鎖RNA」を形成します。一般的には、細胞内で形成された二本鎖RNAは、以前紹介したsiRNAの前駆体となり、遺伝子抑制に関わります。

実はこのとき、*Tsix* RNAの合成が、*Xist* RNAの合成を抑制すると考えられているのです。人工的に*Tsix* RNAの合成を抑制すると、普段*Xist* RNAが合成されない状況でも、*Xist* RNAが合成されるようになります。この部分の制御のしくみは、単にX染色体が不活化されるという個別の問題を離れ、RNAが持つ秘められた機能を解き明かす大変重要な研究テーマとなっています。日本では、九州大学の佐渡敬准教授と佐々木裕之教授のグループの研究が有名です。

「ラバ」と「ケッテイ」

「プロローグ」で述べましたが、ロバとウマの雑種では、どちらが母親になるかで、「ラバ（mule）」と「ケッテイ（hinny）」という性格や外見の異なる二種類の雑種が生まれます。

ラバは、雄ロバと雌ウマの雑種で、お父さんロバのような顔つきですが、お母さんウマのように大きくて体力があり、性格はお父さんのロバのようにおとなしいという、両者のいいとこ取りです。そのため、労役に重宝されています。一方、ケッテイは雄ウマと雌ロバの雑種で、お母さんゆずりの小ぶりな体で動きが緩慢なうえに賢くないため、労役には使いにくいようです。

両者ともロバとウマのＤＮＡを半分ずつ持っていて、ゲノムＤＮＡの配列としては全く同じです。この違いを生み出しているのが、哺乳類だけが持つ「ゲノム刷り込み（インプリンティング）」のしくみです。もう少し正確に言いますと、哺乳類の中でも胎盤を持つ「真獣類」と「有袋類」にだけ存在しています。原始的な哺乳類であるカモノハシ（単孔類）には、ゲノム刷り込みは存在しません。

「お父さん遺伝子」と「お母さん遺伝子」

我々のような哺乳類は、二倍体であり、父由来の染色体と、母由来の染色体をそれぞれ一セット、合計で二組持っています。その染色体それぞれの同じ位置に、父由来の遺伝子と、母由来の遺伝子が存在しています。ゲノム刷り込みが生じると、一部の遺伝子で父由来・母由来のどちらかだけが選択的に利用されます。雄と雌でその選択的な利用パターンが異なっているのですが、それは「雄特有のゲノム刷り込み」と、「雌特有のゲノム刷り込み」があるためです。

成長に関わるタンパク質であるインスリン様成長因子「ＩＧＦ２遺伝子」は、必ず父由来の遺伝子が使われ、母由来の遺伝子が使われることはありません。つまり、二つの遺伝子があっても片方しか使われないわけです。哺乳類のゲノムには、このように母・父由来のどちらか一方しか用いられない遺伝子が、二〇〇個ぐらい存在すると言われています。

このように、ゲノム刷り込みが起こると、ゲノムDNAは部分的に「一倍体相当」の状況になります。これは、一見するとあまり生物にとって有利なことには見えません。二倍体の哺乳類では、ゲノム刷り込みを受けない遺伝子は、二つの遺伝子が補い合うことができます。片方の遺伝子に変異が入っていても、それが劣性変異であれば、基本的に生存に支障は出ません。父・母由来の二つの遺伝子（優性の場合は除きます）がお互いに補い合うことで、欠点（長所もです）が出にくくなっているのです。ところが、ゲノム刷り込みを受けている遺伝子では、片方の遺伝子しか利用できません。実際、ゲノム刷り込みを受ける遺伝子では、変異の効果が表に出やすいという特徴があるのです。

ゲノム刷り込みと伴性遺伝の違い

ゲノム刷り込みは、精子や卵のもととなる生殖細胞で起こり、性によって異なるパターンで施されます（図7—3）。したがって、変異が父方・母方の遺伝子のどちらかに入っている場合、変異が父方の遺伝子にあるか、母方の遺伝子にあるかで、その効果が異なって現れることになります。

これは、X染色体の不活化で紹介した赤緑色盲など「伴性遺伝」のケースと似ていて、混同されがちです。伴性遺伝（ミトコンドリアDNAに依存する場合を除く）の場合は、性染色体上の

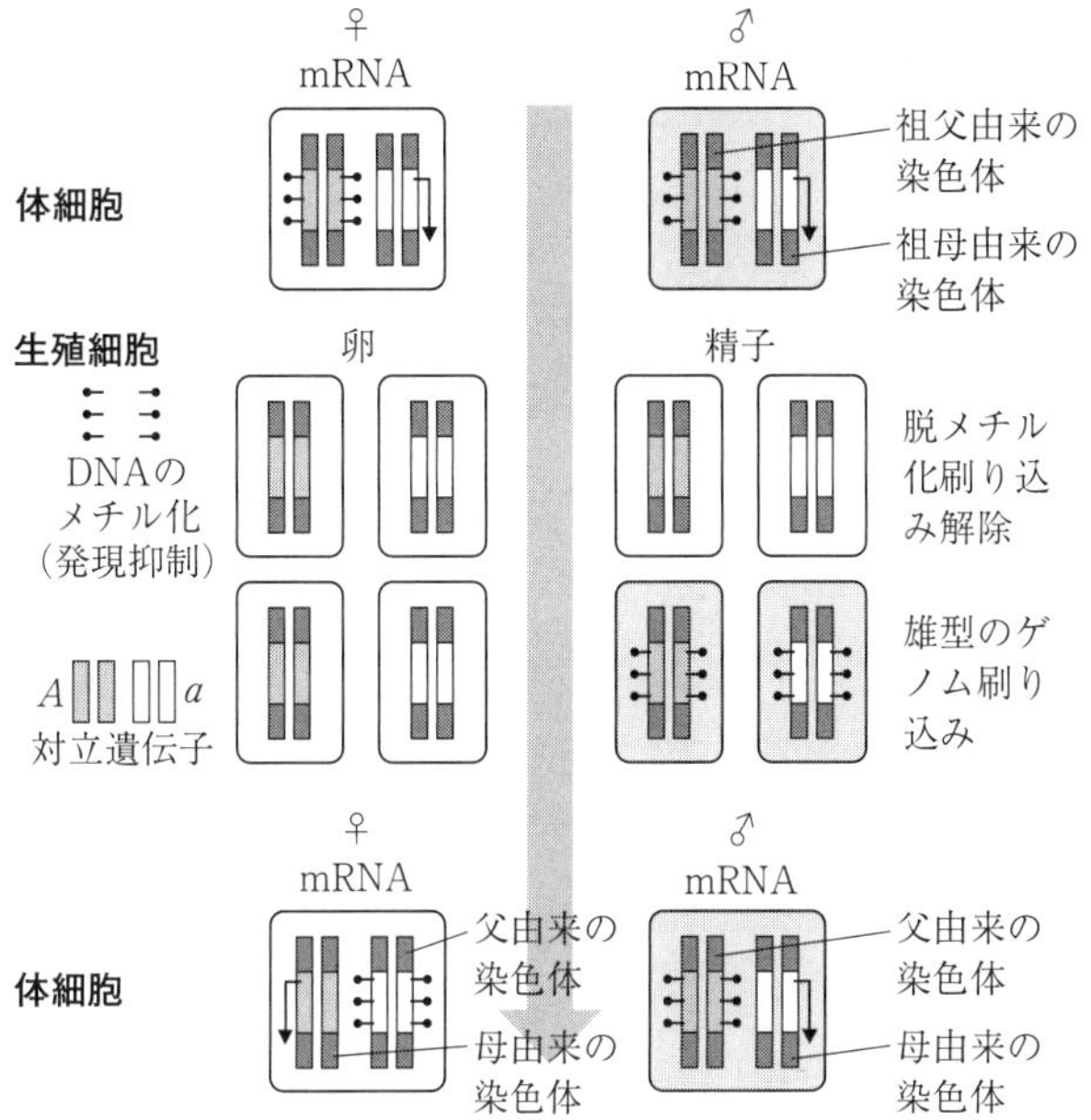

図7―3　ゲノム刷り込み

遺伝子に限定され、「子の性」に依存して表現型が現れることが特徴です。しかし、ゲノム刷り込みの場合は、常染色体上の遺伝子でも影響を受けることと、父由来か母由来かなど「親の性」に依存して表現型が現れることが特徴です。

父親似と母親似

皆さんも、顔のこの部分は「お父さん似」で、あそこは「お母さん似」と言われたことがあるでしょう。兄弟姉妹を比べてみると、長男はお母さん似で、次女はお父さん似といった

(a)

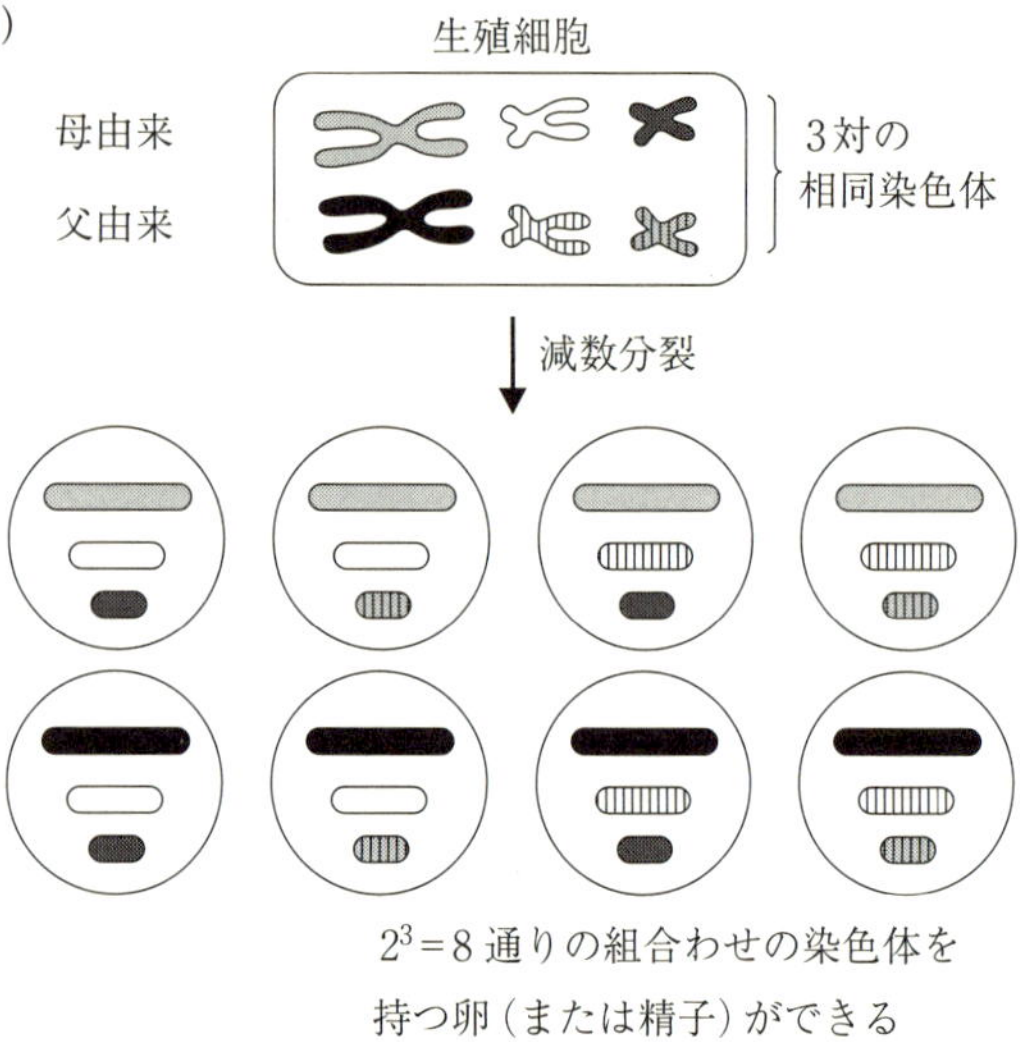

(b)

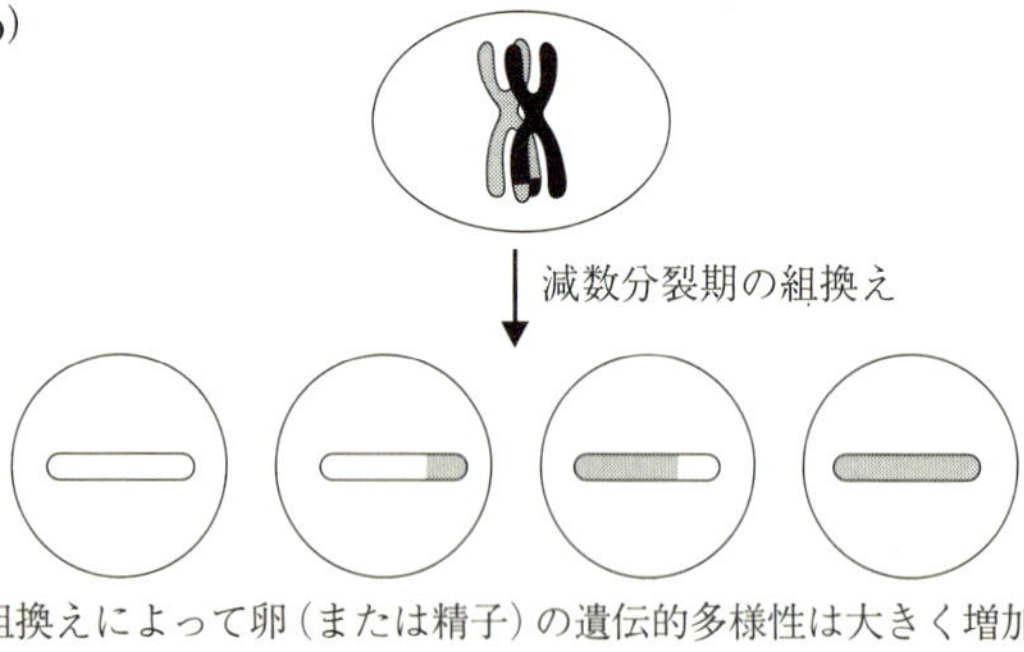

図7—4　減数分裂による遺伝的多様性の拡大　説明を簡単にするために、3対の相同染色体を含む生物のケースを示す

ケースもよくみかけます。父・母から同じだけ遺伝子を引き継いでいても、顔は十人十色なわけです。これには、複数の理由があります。

まず、父親の精巣で精子が、母親の卵巣で卵が作られる際に行われる「減数分裂」（二倍体のゲノムが一倍体に減るので、こう呼ばれます）の際の染色体の混ぜ合わせがあります。たとえば、卵を作る際に、第一番染色体から性染色体まで、全ての染色体が卵に分配されますが、この際に父由来の染色体と、母由来の染色体がランダムな組み合わせになっています（図7―4ａ）。また、染色体の一部では、ＤＮＡの組換えが起こるので、父由来の染色体と母由来の染色体の一部が交換しているところも出てきます（図7―4ｂ）。これにより、子孫の遺伝的な多様性が確保され、顔も十人十色ということになります。

ゲノム刷り込みによっても、父親似や母親似のパターンが出てくることが考えられます。父由来の遺伝子しか働かないようにゲノム刷り込みが施された遺伝子では、母由来の遺伝子はたとえそれが優性の遺伝子でも全く機能せず、父親似の表現型を示します。母由来の遺伝子しか機能しないようにゲノム刷り込みをされた場合は、この逆に母親型の表現型になります。ゲノム刷り込みがない場合は、母・父由来の遺伝子のどちらが優性かだけで、表現型が決まってきます。したがって、ゲノム刷り込みのおかげで、遺伝子の優性・劣性の壁を越えて、子孫の表現型が多様になってくるのです。

顔の特徴を決める遺伝子

最近、「人間の顔の特徴を決定する五つの遺伝子」が同定された、という報告がありました。人間の顔は形態的にかなり多様性に富んでいますが、そのほとんどは遺伝的に決定されています。その証拠に、一卵性双生児の顔は瓜二つです。

そこで、オランダのエラスムス大学を中心とするコンソーシアムが、五三八八人の西欧人（オランダ人、オーストリア人、ドイツ人など）について、三次元の核磁気共鳴画像撮影（病院で診断に使うMRIです）を行い、顔面の特徴を数値化し、その解析から得た特徴をもとに、ゲノム配列との相関を解析しました。その結果、顔の特徴と相関を示す五つの遺伝子が浮かび上がってきたのです。

父・母譲りの顔立ちがあるので、私はこの五つの遺伝子のどれかが、ゲノム刷り込みの影響を受けているのではないかと考え、別のグループが明らかにしたゲノム刷り込み遺伝子のカタログを調べてみました。その結果、五つの遺伝子の一つである「*PRDM16*」という遺伝子が、父由来の場合にのみ発現する父方ゲノム刷り込み遺伝子であることを見つけました。

*PRDM16*遺伝子が作り出すのは、ヒストンH3の九番目のリシンをモノメチル化する酵素で、さらにこの酵素には特定の配列に結合すると考えられるZnフィンガードメインという領域が

存在することがわかっています。

その後の解析から、ヒトの*PRDM*16遺伝子が染色体の転座によって、第三染色体の別の遺伝子と融合することで、白血病に結びつくことも明らかにされています。

さらに、*PRDM*16遺伝子は体温を作り出す褐色脂肪細胞で多く発現し、皮下脂肪において褐色脂肪細胞の生成に決定的な役割をしていると考えられています。褐色脂肪細胞という細胞は、体温維持のために大量の脂肪をミトコンドリアで分解し、熱生成を行っています。以前この細胞は、新生児において重要で、成人にはほとんど存在しないと考えられていました。ところが、最新の検査機器を使うことで、成人にも存在することがわかってきました。寒冷刺激によって誘導されてくるようです。

顔の話に戻りましょう。先ほどのエラスムス大学のグループによる顔立ち遺伝子の論文によりますと、*PRDM*16遺伝子は、鼻の幅と高さに関係があるというのです。「顔の一部が母方譲りで、その他は父方譲り」のようなことが生じる背景の一つとして、ゲノム刷り込みの存在があるのかもしれません。

満たされない空腹感と微笑みのあやつり人形

ゲノム刷り込みの具体例をもう一つ示しましょう。ヒトの一五番染色体の一部が失われたことに起因する遺伝病として、「プラダー・ウィリー症候群（PWS）」と、「アンジェルマン症候群（AS）」が知られています。

染色体は、DNA複製や分裂期の分配の過程で異常が生じることで、その一部が失われることがあります。このように、染色体の一部が失われることを、「欠失」と呼んでいます。プラダー・ウィリー症候群とアンジェルマン症候群の代表的なケースでは、ともに二本ある一五番染色体の片方で、15q11―13という部位の異なる領域が欠失しています。両者は同じような領域の欠失に原因があるのですが、この欠失を持つ一五番染色体を母親から受け継ぐか、父親から受け継ぐかで、どちらかの症候群になるのです（図7―5）。

欠失を父親から受け継いだ場合は、プラダー・ウィリー症候群になります。一万～一万五〇〇〇人に一人ぐらいの割合で生じる、まれな疾患です。この症候群では、筋力が低下したり、性成熟が遅れたりするほか、低身長や、中枢神経への影響が認められます。

特徴的な症状としては、物事に固執する、非常に食欲が昂進する、などがあげられます。どれだけ食べても満腹感が得られずに、周囲にある食べ物は片っ端から食べてしまうそうです。そのため、食事制限などを行わないと、かなりの肥満になります。人間、誰しもおなかいっぱい食べたという満足感が幸福をもたらすと思うと、満腹感が得られないというのは、本当に可哀想なことだと思います。

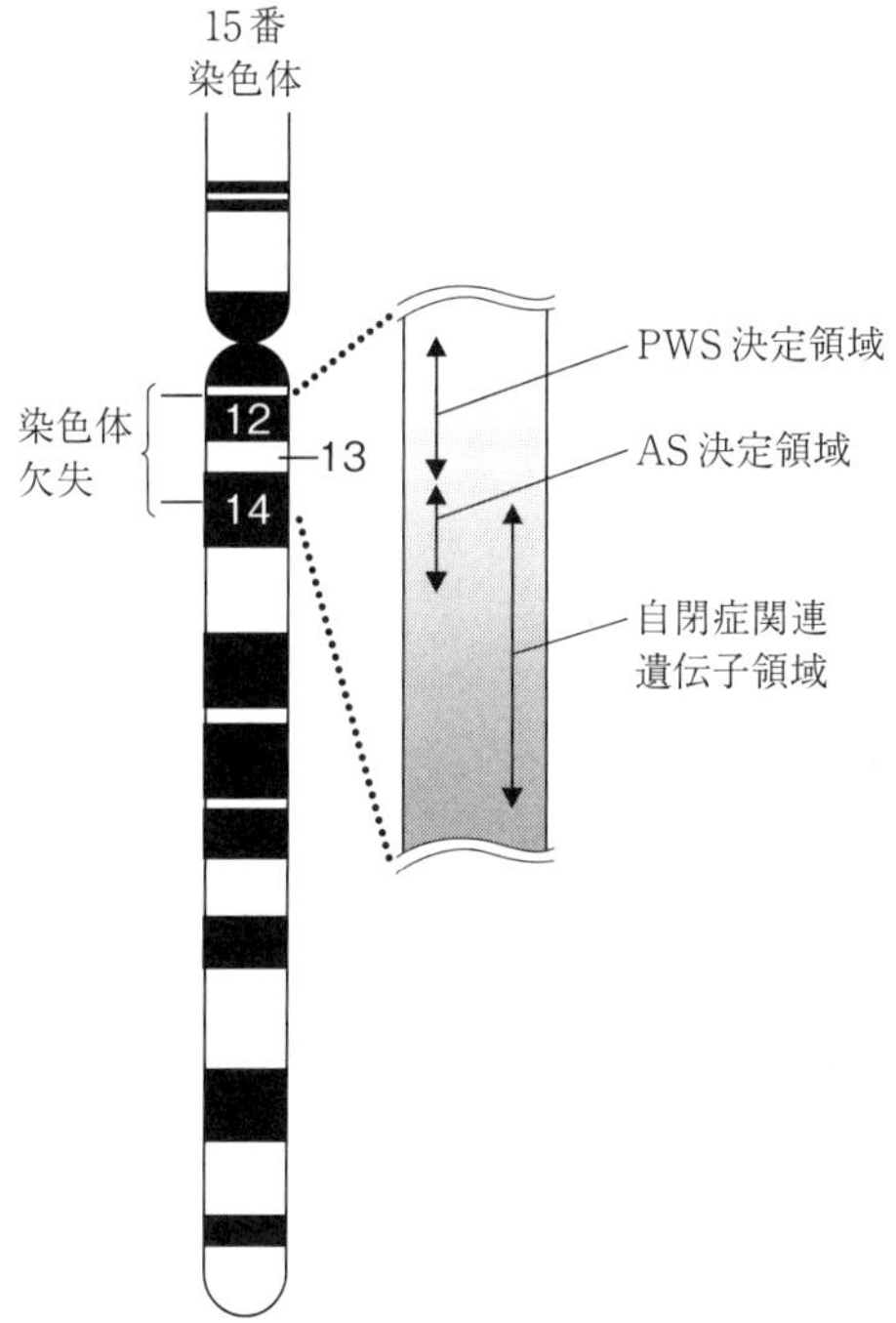

図7―5　プラダー・ウィリー症候群（PWS）とアンジェルマン症候群（AS）

一方、同じタイプの欠失を母親から受け継いだ場合は、アンジェルマン症候群になります。この症候群の患者さんは、二万人に一人ぐらいの割合で出現します。運動や言語の重篤な障害があるのですが、幸福に満ちた微笑を周囲に振りまくという、非常に特徴的な症状を示します。独自の動きとその笑顔で、「微笑みのあやつり人形（Happy puppet）」

と称されることがあります。

二つの症候群は、いずれも同じ染色体領域の欠失に原因があります。染色体の欠失領域には、上記の症状と関連する複数の遺伝子が存在しています。一方の染色体に欠失がありますが、もう片方の染色体には欠失がありません。つまり、欠失部分の染色体の部位だけ、「一倍体」の状態になっています。

この領域にも、生殖細胞内でゲノム刷り込みが施され、ある遺伝子は父方由来のときのみ、別の遺伝子は母方由来の場合しか、発現しないようになっているのです。したがって、同じような染色体部位の欠失を、母親から受け継ぐか、父親から受け継ぐかで、欠失している領域に含まれる遺伝子の発現パターンが変わり、全く異なる症状になってくるというわけです。

哺乳類に雄が必要な理由《わけ》

哺乳類にはゲノム刷り込みがあるために、「単為生殖」を行うことができません。単為生殖とは、雌だけから子が生まれることです。爬虫類や魚類などでは、単為生殖で増えるものがあります。たとえば、ギンブナの一部（奥尻島のある沼では九九パーセントも占めるので、一部というより大半なのですが）は三倍体や四倍体の雌であり、単為生殖で増殖することが知られています。ギンブナでは、精子の受精は単に卵割のきっかけ作りの役割をするだけです。ドジョウの精子でもギンブナの卵は発生を開始して、雑種ではないギンブナが生まれます。

爬虫類も単為生殖をする種が多く存在します。メキシコやパナマなどの中南米に生息するイボヨルトカゲ（Tropical Night Lizard）などは、群れによっては雌だけで増殖します。二〇〇六年には、イギリスのチェスター動物園で飼われていたコモドオオトカゲが、雄と交配することなく産卵して、子供を作ったことが大きなニュースになりました。これらの生物種では、ゲノム刷り込みの機構がないため、父親から受け継いだ遺伝子でも、母親から受け継いだ遺伝子でも、区別なく利用可能なため、母親からだけでも子をもうけることが可能なのです。

二母性マウス「かぐや」

ところが哺乳類では、ゲノム刷り込みがあるために、発生の過程で父由来の遺伝子しか利用できない部位があります。その中には、生存に必須な役割をするものもあります。単為生殖で卵から個体が発生しようとしても、発現可能な父方遺伝子を持っていないため、胚の発生段階で死んでしまうというわけです。

ならば、遺伝子改変技術を使ってゲノム刷り込みそのものを変えてしまえば、哺乳類でも単為生殖が可能になるのでしょうか。東京農業大学の河野友宏教授は、エピゲノムに関連する遺伝子の変異体マウスを用いて、実際にゲノム刷り込みが変更されたマウスの受精卵を作り出すことに

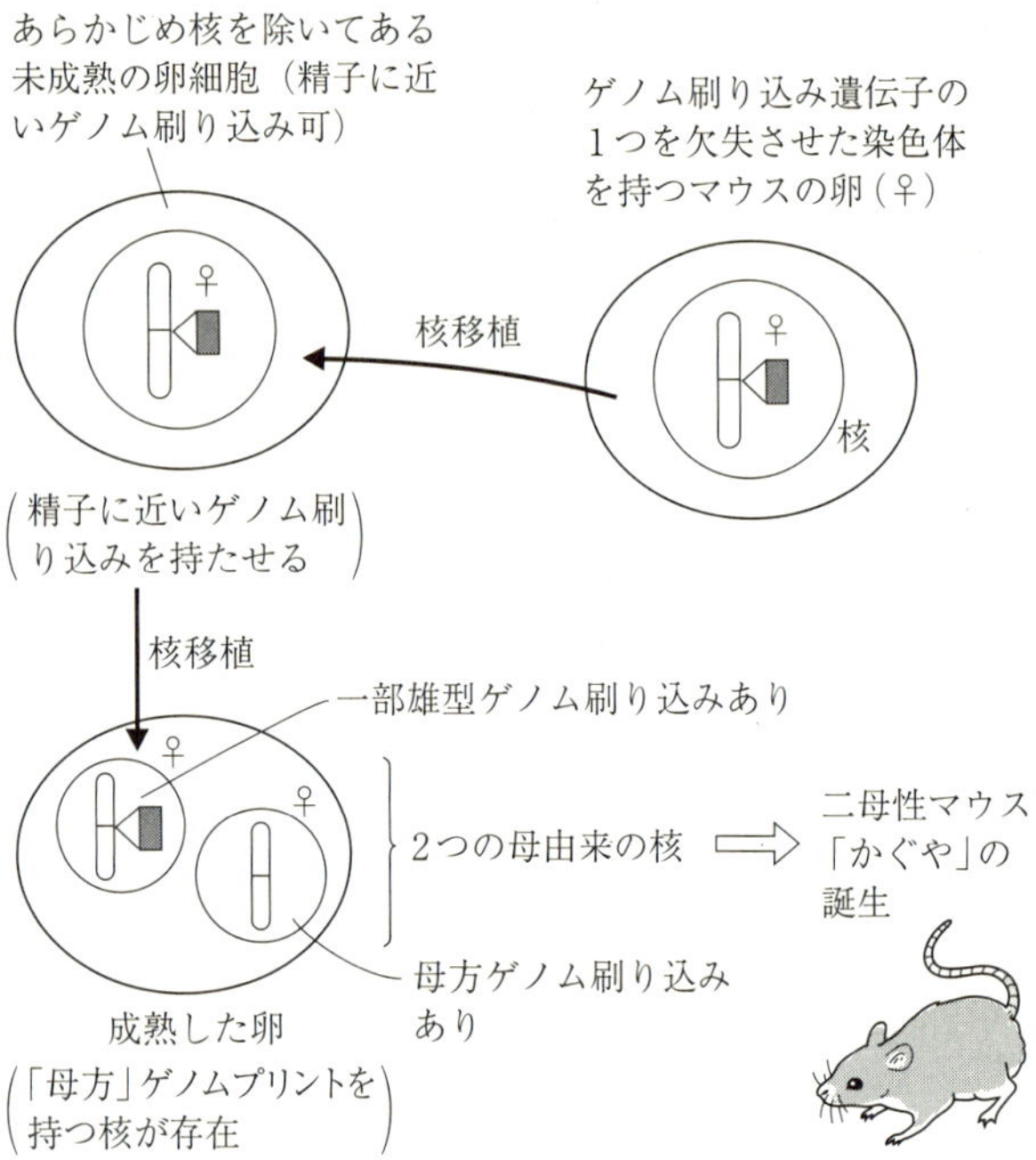

図7—6　ゲノム刷り込みを施さないでできたマウス

成功しました（図7—6）。

具体的には、遺伝子操作と胚操作によって卵巣の染色体に、精子型に近いゲノム刷り込みを入れたのです。

河野教授は顕微鏡下でこの卵から細胞核を取り出し、通常のマウス卵（ゲノム刷り込みを受けている）に微小な注射器で注入しました。

精子の細胞核の代わりに、一部だけ雄型のゲノム刷り込みを受けた卵巣の細胞核を使うわけです。

その後、この卵の発生を開始させると、無事雌のマウス個体が誕生することがわかりました。このマウスは、二匹の母親マウスから産まれた「二母性マウス」ということになります。換言すると、哺乳類でもゲノム刷り込みを操作すれば、メスだけで子孫を残すことが可能だということです。ちなみに、このマウスは竹取物語のかぐや姫にちなんで「かぐや」と命名されました。

ゲノム刷り込みのしくみ

マウスの実験からもわかるように、ゲノム刷り込みも、エピジェネティクスのメカニズムが関わっています。特に重要なのが、DNAのメチル化です。父由来、もしくは母由来の遺伝子の制御領域のDNAのどちらかにメチル化が生じると、その領域の遺伝子発現が抑制され、これによってゲノム刷り込みが起こります。通常DNAに結合したメチル基は、DNA複製や細胞分裂を経ても、維持型DNAメチル化酵素のはたらきで、修飾パターンが維持されます。

ところが、哺乳類が精子や卵を作る際には、せっかく確立されたゲノム刷り込みは、一度消去されてしまいます。つまり、「ゲノム刷り込みの消去」とは、化学的な言葉で言えば、DNAに結合したメチル基が外される「DNA脱メチル化」が起こることなのです。

そして、雄の精巣で精子が作られる過程、あるいは雌の卵巣で卵が作られる過程で、それぞれ雄特有、もしくは雌特有のＤＮＡのメチル化が再度施されることになります。

もう少し具体的に説明すると、祖母由来の遺伝子（男であろうと女であろうと）は、「女性由来のＤＮＡメチル化」を受けていますが、父母の代に精巣や卵巣の細胞を経由すると、これが一度消去されます。また、祖父由来の遺伝子は「男性由来のＤＮＡメチル化」を受けていますが、父母の代に精巣や卵巣を経由すると、これが消去されます（図7―3のＤＮＡ上の小さな突起はメチル化を示します）。

その後、精巣では「男性由来のＤＮＡメチル化」パターンが、卵巣では「女性由来のＤＮＡメチル化」パターンが、ＤＮＡに新たに書き込まれることになります。この親の性に依存したメチル化のパターンは、分裂を経ても維持されていきます。

ＤＮＡメチル化は遺伝子発現を制御（多くの場合は抑制）します。そのため、ゲノム刷り込みを受けた染色体領域では、父方由来と母方由来で異なるＤＮＡメチル化パターンを持つ遺伝子が生じ、それに応じて遺伝子の活性化・不活性化が行われることになります。

なぜ有胎盤哺乳類だけゲノム刷り込みをするのか

先に述べましたが、このしくみは胎盤を持つ哺乳類だけが持っています。胎盤は、母体と胎児の間を結ぶ臓器で、栄養運搬や酸素などのガス交換、ホルモン分泌を行います。出産までの期間、赤ちゃんの腸や肺、心臓などの役割を代替する暫定的な代用器官です。哺乳類は、このような複雑な胎盤を形成して子孫を残す例外的な生物です。殻の卵で子を育む自律的増殖系を大幅に変更し、雌の体内で一定レベルまで子を育てるという母体に大きく依存する戦略を取っていると考えられます。

母体内では体温により、胚の発生に必要な環境を安定的に維持することができます。殻のある卵では、卵黄が尽きた時点で栄養供給がなくなりますから、誕生時にそれほど大きな個体にすることは困難です。その点、胎盤を用いて育てれば、胎児が誕生する頃には、かなり大きな体に成長させることが可能です。これにより、おそらく大隕石落下などで劇的に環境が変化した地球上で、恐竜を差し置いて、哺乳類が生き延びてこられたのでしょう。

ここで疑問になるのは、なぜゲノム刷り込みのような複雑なしくみが、胎盤を持つ哺乳類だけに備わっているのかということです。これには、いろいろな仮説が提案されています。

たとえば、単為生殖を防ぐ目的があるとか、外来のウイルスの侵入を防ぐ機構がたまたま使われたとか、胎盤機能の獲得に何らかの役割を果たした、などの説です。しかし、胎盤を持つ哺乳類にとって単為生殖が生存に不利になる理由がはっきりしませんし、外来ウイルスの侵入も哺乳類に限ったわけではありません。

ですから、「胎盤」ができたことと「ゲノム刷り込み」に何らかの関係があるとする説が、かなり有力なのではないかと思います。たとえば、ゲノム刷り込みを活発に研究している東京医科歯科大学の石野史敏教授が、一群の遺伝子を「胎盤」できちんと発現させるために、ゲノム刷り込みのしくみが獲得されたとする説を提唱しています。

体のかたちを決めるエピゲノム

「エピジェネティクス」は、もともと「発生学」の分野で確立された概念です。一つの受精卵が分裂を続けるうちに、個々の細胞の個性が現れて、最終的に異なる臓器に分化していくことで、私たちの体が出来上がっていきます。エピジェネティクスは、このような発生や分化の制御に大変重要なはたらきをしています。

　エピジェネティクスという言葉を生み出したワディントンは、細胞が分化する過程を、ちょうど「ピンボール・ゲーム」のように、運河状の坂道をボールが転がり落ちる絵で説明しています[23]（図7―7a）。

　このピンボール・ゲームは、それぞれの細胞の状態変化を表すもので、ボールの出発点は受精卵の状態を指しています。細胞が分化する過程で、ボールは分岐する運河一つ一つに分かれて入っていきます。一度ボールが運河にはまり込むと、運河の壁に阻まれて、別の運河に簡単に移ることはできなくなります。細胞は、このように徐々に不可逆的な分かれ道を進んでいき、最終的

(a)

(b)

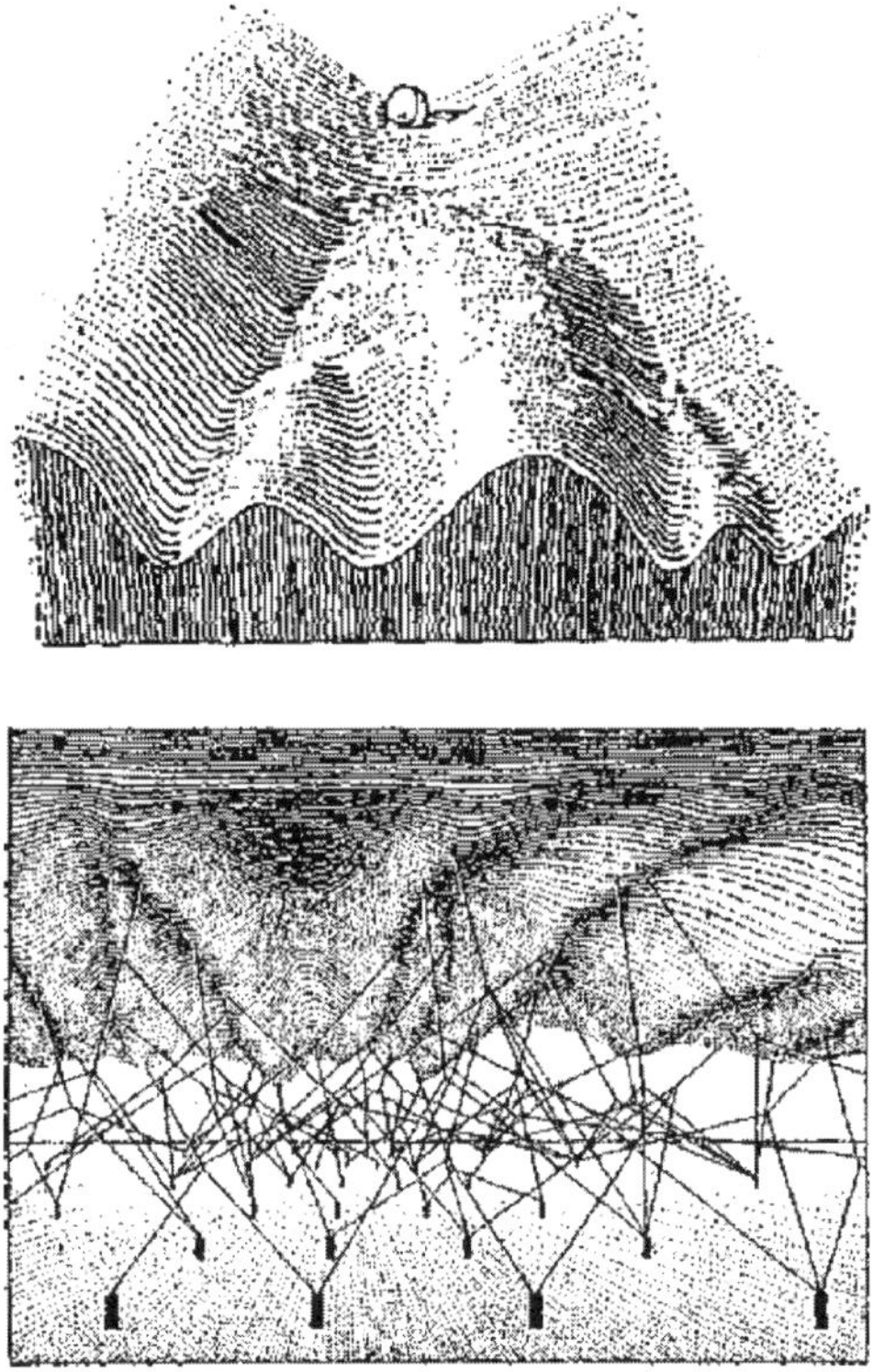

図７—７　ワディントンの細胞分化の過程　(a) 細胞分裂によって細胞は運河のように不可逆的な分かれ道を進んでいく。(b) 遺伝子の化学構造がまだわかっていない時期に、エピジェネティクスを支える分子機構の存在を示唆していた

に異なる臓器や器官に分化していくのだというのです。

この図には、もう一つの裏バージョンがあり（図7−7b）、その絵にはこの運河を背後で支えるロープや杭が描かれています。ワディントンはまだ遺伝子の化学構造などがわかっていない時期に、エピジェネティクスを支える分子機構の存在を示唆していたのです。

カナライゼーション

さて、私たちの体は、六〇兆個ほどの細胞からできており、大まかに言って二〇〇種類ぐらいの分化した細胞があります。ワディントンのピンボール・ゲームのような絵で考えると、最後は二〇〇ぐらいの運河に分かれていることになります。このような分岐のことを「カナライゼーション」といいます。私たちの体細胞の状態は、その二〇〇の運河のいずれかにボールがある状態になっているというのです。

一つ一つの運河では、それぞれ異なる遺伝子の発現が起こっていると考えられています。たとえば、皮膚の細胞に分化すると、皮膚特有の遺伝子が発現し、心臓の細胞に分化すると、心臓特有の遺伝子が発現します。そして、その遺伝子の発現パターンは、細胞が分裂してもずっと維持されていきます。そのため、皮膚から細胞を取ってきてシャーレで培養すると、皮膚の細胞の遺伝子発現パターンを維持し、皮膚の性質を保った細胞が増えてきます。

細胞分化とは何か？

このような分化した状態の固定には、第６章で取り上げた「ポリコーム群タンパク質」や「トリソラックス群タンパク質」が関与しています。これらの因子は、エピゲノム修飾状態の「多数の扉」にどんどん「閂《かんぬき》」をかけて固定していってしまいます。そのため、活発に発現する遺伝子と、眠ってしまう遺伝子のパターンがずっと維持されていくわけです。

ここで重要な点は、体を構成している各細胞のＤＮＡが変わることで異なる細胞に化けるのではないということです。ＤＮＡの外側にあるクロマチン構造やエピゲノムが変化することによって、細胞ごとに遺伝子の使い方が異なるパターンで記憶されているのです。

細胞の初期化

山中教授とともに二〇一二年にノーベル生理学・医学賞を受賞したジョン・ガードン教授は、カエルの体細胞から取り出した細胞核を、核を抜き取った卵（一個しかない細胞核を抜いたので、染色体ＤＮＡはもうありません）に注入し、一匹のカエルに成長することを証明しました。これは、一度体細胞の中である特定の使い方をするように固定された細胞核ＤＮＡの状態を、卵の中でもう一度白紙の初期状態に戻すことができるということです。ガードン教授がこの結果を発表したのは、山中教授が生まれた一九六二年でした。

このように細胞核を卵のような初期状態に戻すことを、「初期化」と言います。哺乳類などでは、そのDNAの使い方を相当強く固定しているので、なかなか初期化が困難であり、異なる細胞に化ける能力が発揮できないと考えられてきました。ところが、うまく細胞を処理することで、私たちのような哺乳類の体の細胞を、受精卵のようにいろいろな器官を作ることができる万能細胞に変えてしまったのです。

分化多能性と分化全能性

イモリなどの両生類では、足などの体の一部を切り落としても、やがて再生して元の状態に戻ります。動物では体の一部の再生ぐらいが限界ですが、植物などは、一部の組織があれば、カルスという細胞培養や、挿し木などで、個体全体をどんどん増やすこともできます。

前者のような再生能力を、「分化多能性（pluripotency）」、後者のような個体全体の再生力のことを、「分化全能性（totipotency）」と言います。すでに述べましたが、私たちのような哺乳類の体細胞には、残念ながらこのような分化全能性や分化多能性は残されていません。ですから、手足が切り落とされたら、新しい手足が出てくることはないのです。

ＥＳ細胞と人工多能性幹細胞（ｉＰＳ細胞）

二〇〇六年に京都大学の山中伸弥教授が確立し、二〇一二年のノーベル生理学・医学賞の受賞の対象となった「ｉＰＳ細胞（induced pluripotent stem cells）」を用いると、哺乳類の体細胞でも、かなりの程度の分化多能性を獲得できるというのです。[24]

このｉＰＳ細胞は、基本的に血液の細胞や、心臓の細胞、最近では精子や卵に分化することが示されています。どうやってこの細胞を作り出すかというと、分化多能性の維持に関わる四つの遺伝子を普通の細胞に導入するだけなのです。

この四つの遺伝子は、「万能細胞」という異名を持つ「胚性幹細胞（ＥＳ細胞、embryonic stem cells）」（図7—8）に特異的に発現しているものです。哺乳類の受精卵が卵割していきますと、受精卵の内部に空間ができ（胚盤胞）、そこに「内部細胞塊」という細胞の塊が現れます。この部分は将来胚の本体になり、個体になっていく部分です。つまり、この細胞は個体のあらゆる臓器や器官に化ける能力（「分化全能性」）を持っています。

この細胞を受精卵から取り出して、シャーレで培養したものが、ＥＳ細胞です。この細胞にいろいろな刺激を加えることで、さまざまな器官の細胞に変化させることができます。さらには、この細胞を受精卵に戻すことで、個体の一部にすることもできます。このように、ＥＳ細胞は大

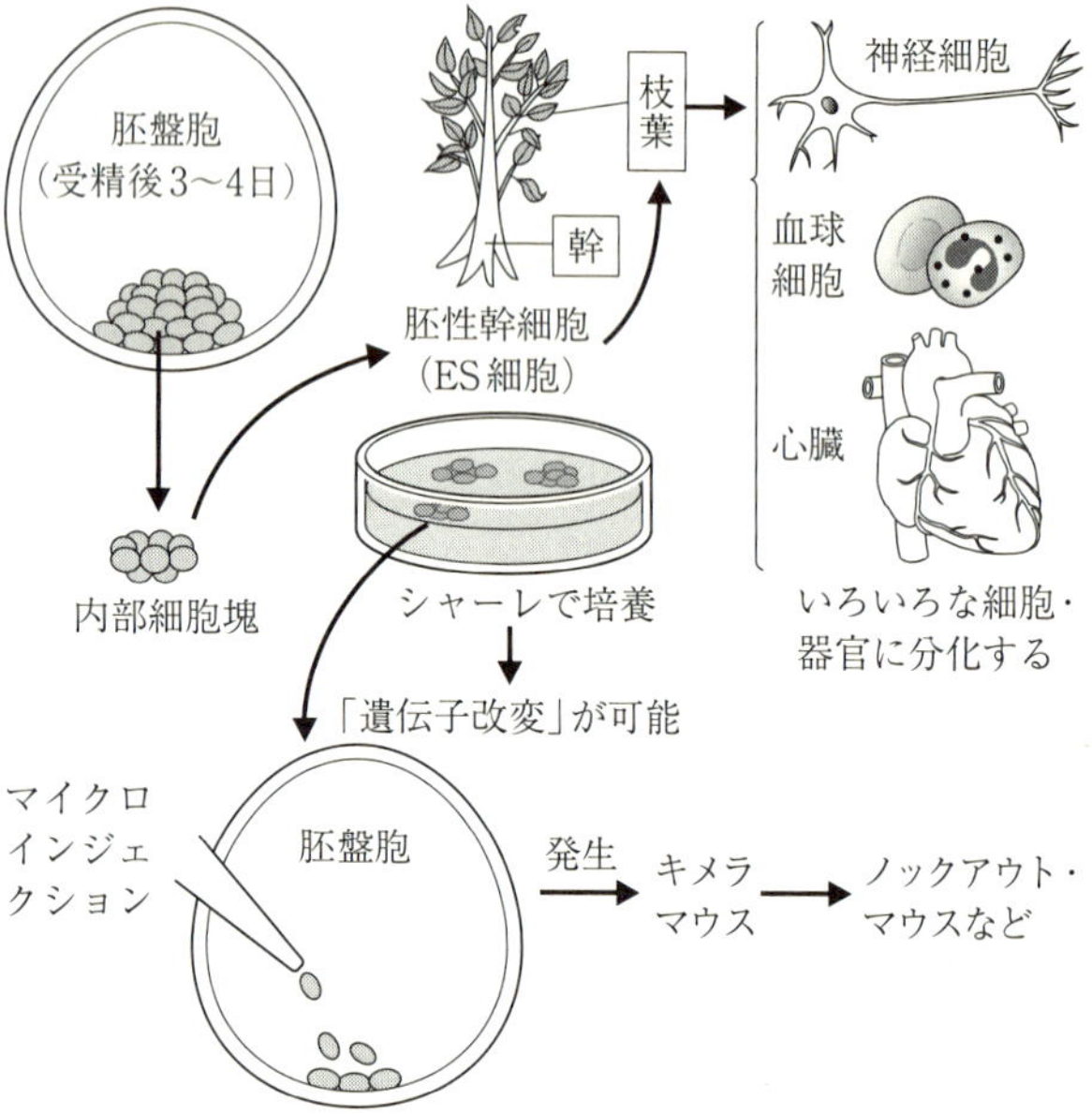

図7—8　胚性幹細胞（ES細胞）

きな幹のような存在で、いろいろな枝葉の細胞に分化することができるのです。ＥＳ細胞のＳが「Stem（幹）」というのは、そういう性質を表しているのです。

このように、ヒトのＥＳ細胞を作ろうとすると、「ヒトの受精卵」を使う必要が出てきます。カトリックでは受精卵はすでに「一人の人間」であると考えるので、中絶が禁止されています。受精卵を取り出して実験に使うというのは、中絶を前提にした技術であるので、カトリック教会はＥＳ細胞を用いることに反対しているわけです。キリスト教の考えが非常に重視される欧米などの国では、このES細胞の研究を行うかどうかが、政治的なテーマになっているほどです。受精卵を用いないで、万能細胞を作ることができるiPS細胞が、カトリックの総本山であるバチカンから高く評価されたのはそのためです。

ES細胞には、いろいろな器官に分化する能力（「多分化能」）を維持しながら、細胞分裂を続けて「無限に増殖する能力」が存在しています。ES細胞に特異的に発現する遺伝子が多数存在しています。これらの遺伝子が発現することで、ES細胞の多分化能が維持されているわけです。山中教授らは、それらの中から皮膚の細胞のような体細胞を万能細胞へと転換する四つの遺伝子を同定しました。これらの遺伝子は「山中因子」と呼ばれる「Oct3／4」、「Sox2」、「Klf4」、「c-Myc」というタンパク質を生み出します。

iPS細胞を作り出す「山中因子」

iPS細胞を作る際に必要な四つの遺伝子は、細胞の中で何をしているのでしょうか。これらの因子は、遺伝子の発現を調節するタンパク質「転写因子」の仲間です。Oct3／4、Sox2およびKlf4は、ES細胞の未分化状態や増殖能を維持するはたらきを持っていると考えられます。これらの因子のはたらきで、同じく分化多能性と増殖能の維持に関わるNanogという別のタンパク質も発現するようになります（山中因子を細胞に導入した後、Nanogの発現が誘導される細胞だけを単離してくると、iPS細胞の形成効率が格段に上がることがわかっています)。

残り一つのc-Mycは、「がん原遺伝子(プロトオンコジーン)」がコードするタンパク質の一つです。がん原遺伝子というのは、通常の細胞増殖で重要なはたらきをしていて、我々の細胞にもともと備わっており、多くの種類があります。ある種のがん細胞では、それらのがん原遺伝子に変異が生じて、細胞増殖の制御が異常になっているのです。

私たちの体の細胞のほとんどは、あるところまで増殖したのち、分裂を停止して休止状態に入っていると考えられています。体の表面の細胞(上皮系細胞)や、髪の毛を作る細胞、血液系細胞などは、活発に分裂している例外的な細胞です。また、手などに傷が生じると、その部分だけで細胞が増殖して傷口を埋め、傷が治ると細胞増殖が停止するようになっています。ところが、がん細胞は増殖を停止することができず、どんどん増えてしまいます。細胞増殖のブレーキが効かず、ずっと増え続けてしまうのです。

c-Mycは増殖の制御に関わる転写因子で、特定のDNA配列を持つDNAに結合し、その近辺の転写活性を上昇させます。c-Mycの標的部位には細胞増殖に関わる遺伝子が存在していますので、通常の細胞でc-Mycを強めに発現させることで、iPS細胞の要件の一つである「細胞を増殖に適した状態に持って行く」ことが可能になるのだと考えられます。

山中因子のはたらきにより、細胞分化により増殖を休止した状態から目を覚まし、初期胚やES細胞に近い状態に変化すると考えられます。これはちょうど、生殖細胞の中でゲノムDNAの初期化が起こった状態に似ています。初期化は、生殖細胞が卵や精子に変化する際、遺伝子の発現制御においてまっさらな白紙状態に戻る過程です。ワディントンの運河の図で説明すると、ボールが一番下の運河にはまり込んだ状態から、一番上に戻された状態になることを指します。

iPS細胞のエピジェネティクスからの説明

これを少し化学的に説明してみましょう。多数の細胞が集まっていろいろな器官を形成する高等な真核生物では、ポリコーム群タンパク質やトリソラックス群タンパク質が染色体やクロマチンに結合し、特定の遺伝子のセットのみが使われるように固定された状態になっています。また、これに応じて、DNAのメチル化やヒストンのメチル化・アセチル化が局所的に生じており、クロマチンレベルで遺伝子発現のパターンが記憶されているわけです。

山中因子やNanogが発現すると、これらのタンパク質の結合が解除されたり、ヒストンやDNAの修飾が外されたりして、細胞が一種の「記憶喪失」の状態になってしまうわけです。ちょうどパソコンの記憶装置などを初期化して、もう一度新しく何でも書き込めるようにした状態になるようなものです。ただし、全くの白紙になっているかというとそうではなく、一部DNA

のメチル化も残っているはずです。そうでないと、ゲノム刷り込みなどの重要なエピゲノム修飾も外れてしまい、まともな個体に発生できなくなります。正確には、初期胚と同じようなエピゲノム修飾パターンになっている、と言うべきでしょう。

体細胞クローン

初期化という現象を世界で最初に発見したのが、すでに紹介したガードン教授です。ガードン教授はカエルの成体の体細胞から取ってきた細胞核を卵に注入して個体を作りました。このような技術のことを、「体細胞核移植」と言います。また、この技術で生まれた個体は、細胞核を単離した個体の遺伝的なコピー（ミトコンドリアゲノムは除外しますが）と考えられますので、「体細胞クローン」と呼ばれています。

体細胞クローンの作製は、私たちのような哺乳類ではなかなかうまくいきませんでした。ところが、一九九六年七月に英国ロスリン研究所で、イアン・ウィルムット教授とキース・キャンベル教授により、分化した羊の体細胞から単離した細胞核による体細胞クローン羊「ドリー」が誕生しました。

長らくうまくいかなかった実験が、彼らの手で成功したのには理由があります。それは、分化した細胞から細胞核を単離する前に、一度細胞を「飢餓状態」にして培養し、細胞核を部分的に初期化したことです。飢餓状態にすると、エピゲノムの状態やクロマチン構造が大きく変わることは、第6章でも述べたとおりです。おそらく、飢餓状態にすることで、体細胞のエピゲノムがある程度消去され、ES細胞に似た染色体構造に変化したのではないかと考えられます。

この方法が明らかになると、一九九七年には若山照彦教授（当時ハワイ大学）が体細胞クローンマウスを作製することに成功し、世界中でいろいろな哺乳類で体細胞クローン動物が作られるようになりました。三毛猫の話で紹介した「cc」という名のクローン猫も、この体細胞クローン技術によって作られています。

ただし体細胞クローンの成功率は、非常に低いことが知られています。また、体細胞クローンはうまく誕生できても、どこかに異常が認められるケースが多いようです。これらの理由の一つとして、体細胞クローンを作る際の初期化が完全でないことがあげられます。体細胞を飢餓処理するだけでは、一部のエピゲノム修飾が完全に解除されないのでしょう。

以上をまとめると、iPS細胞、ES細胞、初期胚はいずれも同じようなエピゲノム状態、つまり細胞をいろいろな器官に変化させることができる、非常にフレキシブルな状態になっていると考えることができます。したがって、DNAメチル化やヒストンの修飾状態を変えることで、近い将来、iPS細胞を作ることができるようになるはずです。また、現在盛んに研究が行われているのが、山中因子のような遺伝子を細胞に導入することなく、RNAや「エピゲノム調節化合物」の処理だけでｉＰＳ細胞を効率的に作製することです。

※解答　aa、ww、Oo、SsまたはSSです。これで白、黒、茶色の三毛猫の出来上がりということになります。

第8章　環境とエピジェネティクス

エピジェネティクスは、環境変化に柔軟に適応する生物の持つ「しなやかさ」にも関係しています。本章では、環境とエピジェネティクスの関係を見ていくことにしましょう。

社会性昆虫の表現型の可塑性とエピゲノム

環境的な影響は個体の発生や分化に影響を及ぼします。昆虫は形態や性質が環境によってかなり影響を受ける生き物です。たとえば、少年に（一部の大人もですが）大人気のカブトムシやクワガタは、幼虫時代にどの程度栄養を摂ったかで、成虫時の「ツノ」（クワガタでは正確には大顎）の大きさが変化します[25]（図8―1）。このように、環境によって表現型に大きな変化が生じることを、「表現型の可塑性」と言います。

表現型の可塑性は、ハチやアリなど、社会を作って生活する昆虫（「社会性昆虫」）にとって特別な意味を持ちます。ミツバチは典型的な「雌」社会を作ります。巣には、「女王蜂」とワーカ

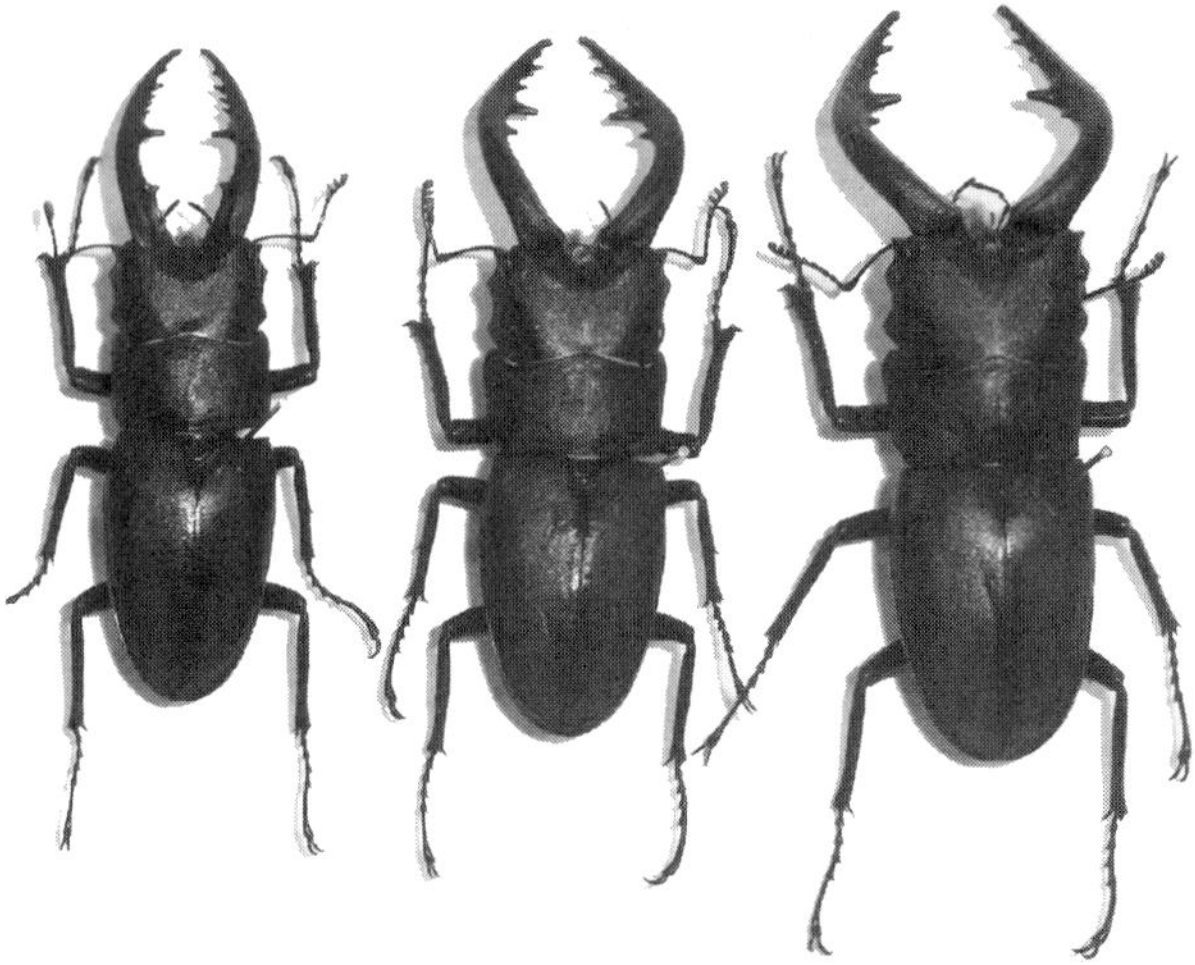

図8―1　幼虫期の栄養の違いでツノの大きさに変化が生じる　右にいくほど高栄養（提供／小澤高嶺）

ーと言われる「働き蜂」（これも雌）がいます。少数いる「雄」は生殖のためだけにいる居候のようなもので、仕事もしません。

雄が女王蜂と交尾して卵を産むと、幼虫が生まれてきます。一匹の女王蜂は七年くらい生きて、その間に卵を産み、生涯で数万匹のミツバチを生みます。一方で、働き蜂は卵を産むこともなく、働くだけ働いて一ヵ月程度の短い生涯を終えます。

女王蜂と働き蜂のＤＮＡを比較すると、その差はないことがわかっています。違いは幼虫時に摂取する栄養だけです。女王蜂は巣の中の「王台」という一角で幼虫期を過ごしますが、この幼虫期だけ「ロイヤルゼリー」を食べさせられます。ロイヤルゼリーは働き蜂が分泌する高栄養の液体で、これだけを食べるわけです。これにより、その幼虫は女王蜂に変化します。

一方で、大多数の雌幼虫は、花粉やハチミツを主体とした餌を摂り、働き蜂へと変態していきます。一度働き蜂になると、卵巣が縮小して生殖能力もなくなってしまいます。このように、幼虫時の栄養状態の違いにより、社会性昆虫の「階級化（カースト化）」が起こることになります。

ミツバチのカースト化とエピゲノムの関係を調べた研究があります。幼虫時代にロイヤルゼリーを食べさせなくても、DNAメチル化酵素の一種のはたらきを抑制すると多くの女王蜂が生まれてくることがわかりました。つまり、幼虫時代の栄養の違いは、「DNAメチル化」というエピゲノム修飾の差となり、これが記憶されることで女王蜂と働き蜂の違い、ひいては昆虫社会の階級が生み出されていることがわかってきたのです。

代謝疾患とエピゲノム

「食生活」は昆虫だけでなく、私たち人間にも強い影響を与える環境要因の一つです。特に、昨今の飽食の時代では、「メタボリックシンドローム」という一連の加齢性疾患とエピゲノムの関係が注目されています。また、胎児期に母親がどのような栄養を摂っていたかが、その子の生涯を通じた疾患の発症と密接に関連していることも明らかになりつつあります。たとえば、遺伝子

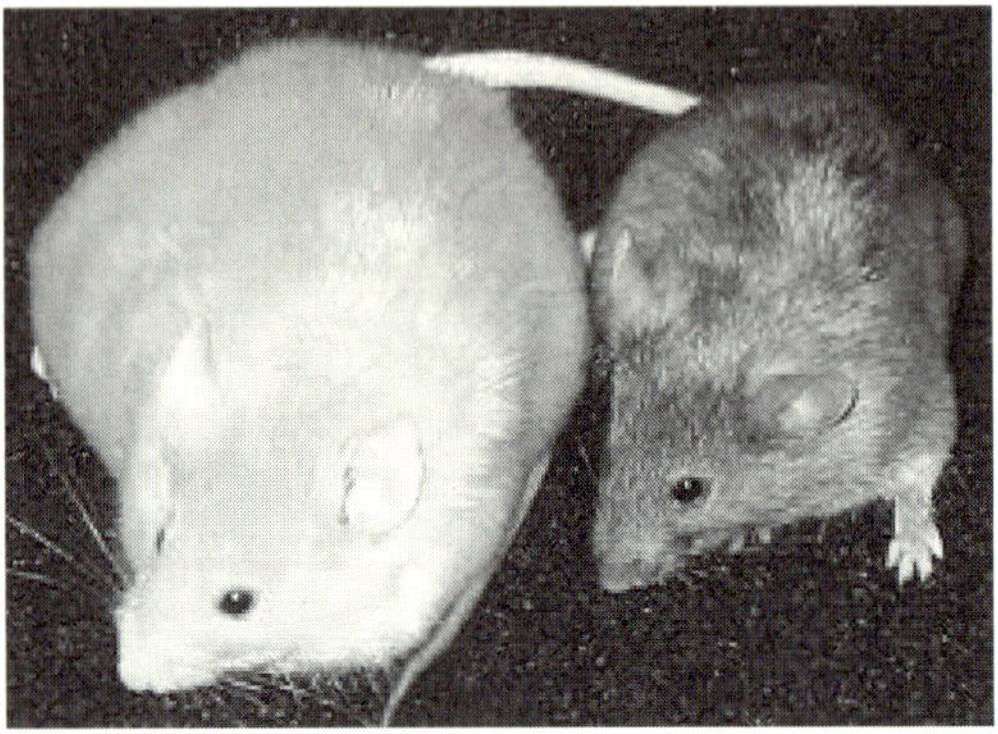

図8—2　マウスの変異体「アグーチ・バイアブル・イエロー」　母親が違うと子の毛色が変化する（http://archive.sciencewatch. com/ana/st/epigen/09augEpiJirt/）

改変マウスの技術を用いて、エピゲノム修飾の制御に関わるヒストン・脱メチル化酵素に人為的な変異を導入すると、非常に太りやすいマウスが生まれてくるというのです。

　マウスの変異体の一つに、「アグーチ・バイアブル・イエロー（A^{vy}）」という系統があります（図8—2）。このA^{vy}マウスは文字通り、黄色っぽい体毛色をしています。面白いことに同じDNAを持つ系統でも、母親が違うと子の毛色が黒っぽくなったり、黄色っぽくなったりします。黄色い毛を持つマウスからは、次の世代でも黄色いマウスが生まれやすい傾向があります。毛の色が黄色になるだけなら特に問題もないのですが、この遺伝子の発現が弱くなると、あわせて太りやすい表現型が出て来るのです。黄色っぽい方は随分と「おでぶさん」なのがわかります（図8—2左）。

「太り体質」の継承

毛の色が黄色っぽくなる理由は、三毛猫の箇所で説明した茶色の毛を作り出す「アグーチ遺伝子」に原因があります。A^{vy}マウスでは、トランスポゾン（第３章参照）の一種である「レトロトランスポゾン」が、アグーチ遺伝子の上流にある機能していない偽エキソンに飛び込みます（図８―３）。これにより、本来は発現しない非コード領域の配列が、レトロトランスポゾンによってもたらされた「隠れたプロモーター」によって転写され、このＲＮＡが下流のアグーチ遺伝子のＲＮＡにスプライシングの過程で連結するようになります。これで生じた「異常転写物」は、正常なアグーチ遺伝子の機能を果たせなくなるので、毛色が黄色くなるのです。

なお、染色体に外からレトロトランスポゾンが入り込んで来ると、この利己的な振る舞いをする因子を抑制するために、この領域にＤＮＡメチル化が施されます。ＤＮＡメチル化は、レトロトランスポゾンの動きを抑えるだけでなく、異常なアグーチ遺伝子転写物を生み出す隠れプロモーターの活性も抑えます。その結果、ＤＮＡメチル化が入ることで、正常なアグーチ遺伝子が優先的に合成されるようになり、体毛が黒くなると同時に「メタボマウス」になりにくくなります。したがって、黄色い毛色のA^{vy}マウスというのは、ＤＮＡメチル化のレベルが低いということになります。

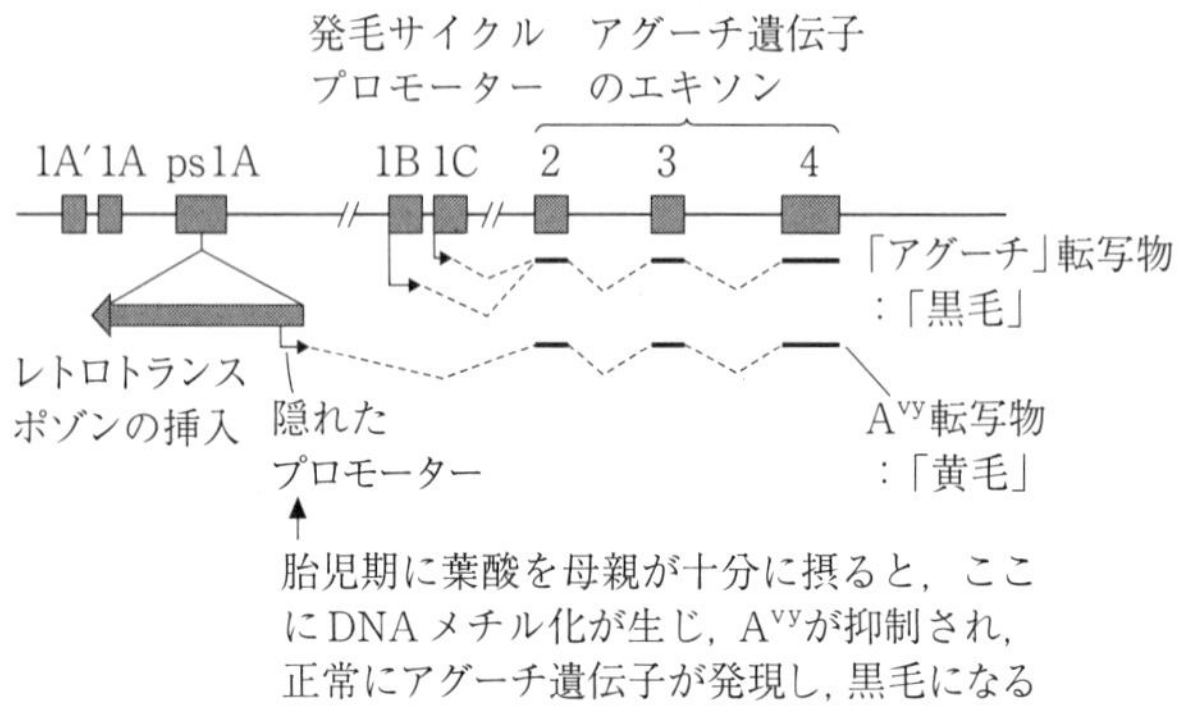

図8—3　レトロトランスポゾンがアグーチ遺伝子の上流の偽エキソンに入り込むと転写に異変が生じ毛色が黄色になる

ゲノム刷り込みや発生の項目で述べましたが、哺乳類では一連のＤＮＡメチル化が生殖細胞で一度初期化され、大部分が消去されます。ところが、ＤＮＡメチル化は完全に消去されず、一部のＤＮＡメチル化パターンが世代を超えて維持されることがわかってきました（次章で詳しく述べます）。ですから、アグーチ遺伝子周辺のＤＮＡメチル化レベルの低い母マウスからは、やはりＤＮＡメチル化レベルの低いマウスが生まれてきます。言い換えると、毛色が黄色っぽいA^{vy}母マウスの子は、黄色い毛色とメタボ体質を受け継いでいくことになるわけです。

妊娠時の栄養が子の生涯の体質を左右

さらに実験を進めていくうちに、妊娠中の母親にある種のビタミンを投与すると、この黄色っぽいA^{vy}マウスの毛色や太り体質を改善できることがわかったので

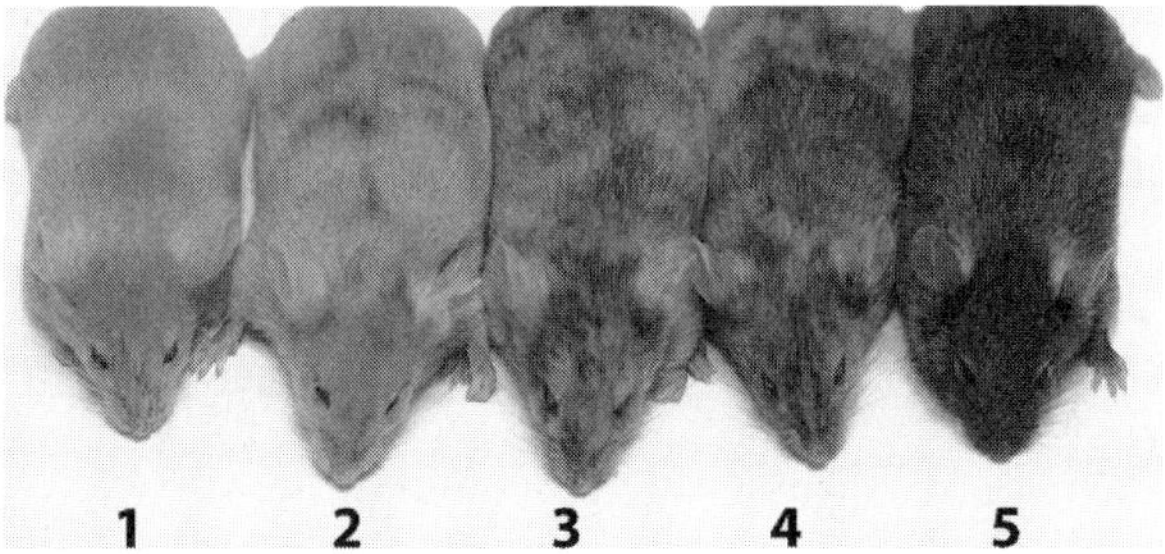

図8―4　ビタミンの投与で毛色や太り体質が改善した例

す[26,27]（図8―4）。

妊娠している母マウスに与えたビタミン類というのは、「葉酸」や「ビタミンB_{12}」など、DNAメチル化のための「メチル基供与体」となる栄養成分です。これらの子は、いずれも太り体質のマウスと同じ変異型のアグーチ遺伝子を持っています。ところが、妊娠時の母親がメチル基供与体であるビタミンを摂取することで、子孫の太り体質や毛色を健康な野生型に変換することが可能になったのです。おそらく、胎児マウスが母マウスの子宮内で成長する過程で、レトロトランスポゾンの隠れたプロモーター部分のDNAメチル化が強化された結果、正常型アグーチ遺伝子の発現が復帰したと考えられます。

人間の妊婦に対しても、葉酸を摂取することが推奨されています。これは、欧米でときどき見られる「二分脊椎」という神経管の閉鎖障害を予防する効果があるためです。妊娠一ヵ月から三ヵ月の間に、一日〇・四ミリグラムの葉酸を摂ることが、二〇〇二年頃から厚生労働省などにより推奨されています。最近ではいろいろな食品に葉酸を添加したものが出回っています。胎児期に母体に与えられた葉酸の効果は、A^{vy}マウスのように、子が成長して成人になったときに、メタボリック症候群の改善をもたらすという論文が出ています。[28]

一方で、葉酸を摂りすぎると、問題を生じるようです。妊娠初期に大量の葉酸を摂取すると、生まれてくる子が自閉症やぜんそくになる割合が増えるという報告もあります。摂り過ぎも要注意ということになります。

糖尿病と脂肪細胞

「食生活」は「ストレス」と並んで、人間の健康に重大な影響を与えるものの一つです。やっかいなのは、「食生活」と「ストレス」の間にも関係があることです。忙しく、ストレスが多い現代の日本では、美味しいものを食べることぐらいしか、ストレス解消の手段がないという人も多いと思います。かくいう私も、美味しいものには目がありません。しかし、ストレス解消のために飽食に溺れてしまうと、それが習慣となり、やがて細胞内のエピゲノムに影響を及ぼしていくことになります。そして、飽食の悪影響が記憶され、メタボリック症候群の発症などの悪循環に陥る危険性が出てきます。

メタボリック症候群といえば糖尿病が代表選手です。これには、「I型糖尿病」と「II型糖尿病」の二つのタイプがあります。特に生活習慣との関係で注目されるのが、全体の九五パーセントを占めると言われるⅡ型糖尿病です。Ⅱ型糖尿病には、インスリンの分泌が悪くなったり、効きが悪くなったりするなど、いくつかのタイプがあります。

最近では、Ⅱ型糖尿病に関わる遺伝子が直接同定されるようになってきました。その中には、脂肪細胞前駆体から「脂肪細胞」を作り出すなどのはたらきを持つ転写因子、ＰＰＡＲγ（ペルオキシソーム増殖剤応答性受容体、Peroxisome Proliferator-Activated Receptor γ、「ピーパーガンマ」とか「ピーピーエーアールガンマ」と呼びます）などが含まれます。

欧米のように高カロリー・高脂肪食を摂り、運動不足の生活を続けると、脂肪細胞の代謝経路を支配している遺伝子の発現状態、つまり使われ方が変化してきます。脂肪細胞は成人の体に三〇〇億個ほど存在すると言われています。体の中の「中性脂肪（トリグリセリド）」を取り込んで、細胞内に巨大な油滴を作って脂肪分を貯蔵します。成人の体に含まれる脂肪細胞の大部分は「白色脂肪細胞」と呼ばれるタイプです。また、少数ですが、「褐色脂肪細胞」という発熱性の細胞も存在します。以下では、白色脂肪細胞とＰＰＡＲγの関係について述べることにします。

ＰＰＡＲγは糖尿病薬の標的タンパク質

脂肪細胞の分化に関わるＰＰＡＲγは、糖尿病治療薬として利用される「チアゾリジンジオン

(ＴＺＤ) 誘導体」、「ピオグリタゾン(商品名アクトス)」や「ロシグリタゾン(商品名アバンディア)」などの標的になっているタンパク質です。ＴＺＤ誘導体は、高脂血症の薬を開発する過程で血糖値を下げるはたらきを持つ化合物として、武田薬品工業で一九七〇年代に発見されました。いわゆる「インスリン抵抗性」に対する医薬品として最初に開発されたものです。

ＰＰＡＲγは、脂肪細胞の分化に加え、その大型化や、ブドウ糖などを効率的に脂肪に転換して、脂肪細胞に蓄積させるはたらきもしています。これらの薬を服用することで、ＰＰＡＲγが活発に働くようになり、「善玉」と呼ばれる小型の脂肪細胞がたくさん作られるようになります。これら増産された脂肪細胞のはたらきにより、効率的にブドウ糖が脂肪細胞に取り込まれ、Ⅱ型糖尿病の「インスリン抵抗性」が軽減されるというわけです。

炎症誘引物質と糖尿病の関係

ＰＰＡＲγは、炎症を引き起こす血中タンパク質である「ＴＮＦα(腫瘍壊死因子、Tumor Necrosis Factor)」(ティーエヌエフ・アルファと呼びます)の合成を抑制します。

ＴＮＦαは当初腫瘍を壊死させる因子として同定されましたが、その後炎症などを引き起こす分子であることがわかってきました。このＴＮＦαに結合してその作用を弱める「インフリキシマブ(商品名レミケード)」という抗体医薬がありますが、リウマチやクローン病、ベーチェット病などの炎症を伴う慢性疾患の治療に用いられています。

ＴＮＦαは炎症を引き起こすだけではなく、インスリンの効果を抑制するはたらき（インスリン受容体や糖輸送体の機能抑制）があります。ＴＮＦαは脂肪細胞が巨大化すると、その本体、もしくは近くにおびき寄せられる「マクロファージ」という免疫細胞により、大量に分泌されるようになります。

最近では、Ⅱ型糖尿病患者に抗炎症剤の「サルサレート（サリチル酸ナトリウム）」を投与することで、糖尿病の指標である「ヘモグロビン糖化指数　ＨｂＡ1ｃ」値が、有意に低下するという報告も出ています。なお、糖尿病治療薬のＴＺＤ誘導体の作用によりＰＰＡＲγが活性化されますが、この効果によって脂肪細胞におけるＴＮＦαの合成が抑制されます。ＴＺＤ誘導体はこのような経路でも、インスリンの効果を高めるのではないかと考えられています。

アディポネクチンと糖尿病

脂肪細胞は、単に血液中のブドウ糖の取り込みや脂肪分を貯め込む機能を果たすだけではありません。インスリンの感受性を高めるはたらきのある、「アディポネクチン」などの一群のタンパク質（脂肪細胞由来生理活性物質、「アディポサイトカイン」）を分泌します。アディポネクチンは、メタボリック症候群の提唱者でもある大阪大学の松澤佑次名誉教授によって発見された、脂肪が分泌する善玉のアディポサイトカインです。

アディポネクチンが細胞に作用すると、「AMPキナーゼ」という酵素が活性化し、細胞内で盛んに脂肪が燃焼（代謝）されます。興味深いことに、脂肪細胞が脂肪を貯め込んでいくと（つまり太ると）、アディポネクチンがだんだん合成されなくなっていきます。太ることで、脂肪を燃やしたり、ブドウ糖を取り込んだりして利用しにくくなってしまうのです。つまり、太ると、どんどん太りやすい体質になるわけです。逆に、継続的な運動をしたり、脂肪（特に内臓脂肪）を減らしたりすると、アディポネクチンの合成量が増えてきます。運動が、メタボリック症候群の予防や解消に効果がある理由の一つです。

じつは日本人の約半数で、アディポネクチンの遺伝子が変異していることが明らかになってきました。なお、PPARγを活性化するTZD誘導体の作用によって、アディポネクチンの血中濃度を増加させることができます。アディポネクチンとインスリン感受性との関係や、アディポネクチン受容体は、東京大学の門脇孝教授が報告・発見したものです。

PPARγ遺伝子に記される飽食のツケ

これまで説明してきたPPARγは、その転写調節領域におけるDNAメチル化により、発現が制御されていることが示唆されています。東京大学の村田昌之教授の研究室に在籍していた藤木克則博士は、ＰＰＡＲγの発現とＤＮＡメチル化の関係を詳しく調べました。脂肪細胞の前駆細胞ではＰＰＡＲγのプロモーター領域は重度に高レベルでメチル化されています。これにより、ＰＰＡＲγの発現が抑制されていると考えられます。脂肪細胞が分化すると、ＰＰＡＲγの発現が上昇し、高レベルのＰＰＡＲγ発現が維持されて、脂肪細胞の機能が保持されます。

ところが、高カロリー食を続けさせて肥満になったマウスや、糖尿病のモデルマウスについて、ＰＰＡＲγのプロモーター領域を調べてみると、高レベルのメチル化が認められ、ＰＰＡＲγの発現量が低下していたのです。[29] つまり、飽食を続けると、脂肪細胞のマスター制御因子であるＰＰＡＲγの発現が、エピゲノムレベルで抑えられてしまうのです。このような状況が、メタボリック症候群の発症につながっている可能性があります。

以上をまとめると、「メタボな食生活」を続けていると、ＰＰＡＲγ遺伝子のＤＮＡメチル化のように、「メタボなエピゲノム」が確立されてしまうことがわかります。メタボリック症候群などは、すでに述べた遺伝的素因に加え、環境的要素が加味されて発病に至るとされています。「豊かすぎる食生活」という、人間がこれまで経験してこなかった大きな環境変化により、脂肪細胞などでエピジェネティックな変化が蓄積していくのでしょう。そのような変化がある一定以上の閾値を超えてくると、メタボリック症候群が発症すると考えられます。その意味で飽食のツケは、私たちのエピゲノムにしっかりと記録されていると考えることができます。

「メタボのエピゲノム」は薬で解消できるか

「飽食でエピゲノムがメタボリック症候群や糖尿病を引き起こす」と聞いて、驚かれたかもしれません。しかし、エピゲノムの本質の一つに「可逆性」があります。何かの方策をとることで、iPS細胞が先祖返りのように卵細胞の状態に戻れるように、メタボリック症候群になる前の健康なエピゲノムに戻れる可能性も十分あるのです。

「エピゲノム制御薬」もいろいろと開発されていますので、それらを利用すれば、メタボリック症候群を治療したり、若い頃のエピゲノム状態に戻したりすることも可能になるかもしれません。あるいは、エピゲノム状態をうまくコントロールすることで、メタボ状態の進行をある程度防ぐことも可能になってくるかもしれません。

アンチエイジング物質――は不老長寿の薬?

HDAC(ヒストン・脱アセチル化酵素)の一種を「レスベラトロール」という物質で活性化することで、メタボ状態の進行を防げるのではないか、という仮説が現在議論を呼んでいます。

レスベラトロールは北海道帝国大学(現・北海道大学)の高岡道夫博士が一九三九年にはじめて報告した物質です。この物質は、「ポリフェノール」という物質の一種で、抗酸化作用を持っています。最近では、アンチエイジング物質として注目されており、健康食品や化粧品に添加されています。

レスベラトロールが注目を集めたきっかけは、二〇〇三年に『ネイチャー』という雑誌で米国のデイヴィッド・シンクレア教授らのグループが、「レスベラトロールが酵母の寿命を七割ほど延ばす効果を持つ」という実験結果を発表したことです。[30]

「寿命」という概念には、「分裂寿命（分裂回数の限界）」と「経時寿命（生存時間の限界）」という二つの種類がありますが、この場合の寿命は分裂寿命のことです。

シンクレア教授らは、レスベラトロールがエピジェネティクスと関連するヒストン・脱アセチル化酵素、Ｓｉｒ２（サーツー）というタンパク質を活性化し、その結果として寿命が延長すると考えたのです。その後、レスベラトロールが線虫やマウス、ハエなどでも同じような効果があるという報告をして、大変注目を集めることになりました。一方で、哺乳類では、高カロリー食でメタボ状態な動物に対して、標準食の個体並みの寿命に戻す効果があるのみ、ということになっています。[31]

その他にも動物では、寿命の延長効果はなく、健康状態が維持されるという効果に留まる（それでも悪くはないですが）という結果が二〇〇八年に報告されています。[32]

酵母の「老化」

ここで、レスベラトロール研究の発端になった酵母の研究について、少し説明しましょう。多くの方は、酵母のような単細胞生物に寿命があるのかと、疑念を抱かれると思います。ここで言う酵母は、出芽酵母の一種、「サッカロマイセス・セレビシエ（*Saccharomyces cerevisiae*）」という酵母（パン酵母などと同じタイプ）です。細胞の一部から突起が飛び出し（出芽）、これが成長して新しい細胞ができます。ちなみに、電子顕微鏡などで観察すると、出芽するたびに細胞表面にクレーターのような痕跡が残っているのがわかります。

ポイントは、動物細胞の場合、細胞分裂すると二つの均等な細胞ができるのとは異なり、酵母の場合は出芽する前と後で細胞の大きさが異なるため、親子の区別がつきやすいということです。オリジナルの細胞は継続的に出芽し、平均で二〇個ぐらいまで娘細胞を生み出し、その後増殖が停止します。酵母は二時間ぐらいで一回分裂しますので、寿命は四〇時間、つまり二日間ぐらいということになります。つまり、細胞が「老化」するというわけです。

リボソームの反復遺伝子の伸縮と寿命

この酵母の老化に、「リボソームＲＮＡ（ｒＲＮＡ）」の遺伝子のコピー数が関係することを、国立遺伝学研究所の小林武彦教授が明らかにしています。ｒＲＮＡ遺伝子は酵母の第一二番染色体の一ヵ所に一〇〇回以上繰り返して存在していることが知られています。このような領域を「ｒＤＮＡ領域」と言います。ｒＤＮＡ領域では、同じようなＤＮＡ配列が連続しているため、ＤＮＡの組換え反応が起こりやすくなっています。ＤＮＡ組換えが起こると、環状のＤＮＡが生み出されます。この環状ＤＮＡに存在していたｒＲＮＡ遺伝子は、結果として染色体から失われていき、コピー数が減ってしまいます。

一方で、似たようなＤＮＡ配列の間では、「遺伝子増幅」という現象が起こりやすくなっており、この現象によりコピー数を増やすことが可能になります。つまり、「環状ＤＮＡの生成」と「遺伝子増幅」という、正反対の反応がバランスすることで、ｒＲＮＡ遺伝子のコピー数が一定の数に保持されているわけです。

酵母の寿命はｒＤＮＡの安定性と関連があり、ｒＤＮＡ遺伝子のコピー数が減少する場合は寿命が短くなり、逆にｒＤＮＡ遺伝子のコピー数が増えると寿命が長くなる傾向があります。

小林教授は、Ｓｉｒ２が、ｒＤＮＡの安定性に重要であることを見出しました[33]。Ｓｉｒ２の変異体では、ｒＤＮＡが不安定になり、コピー数が減少します。この場合、酵母の寿命は短くなります。

一方、Ｆｏｂ１というＤＮＡ複製阻害に関わる因子の変異では逆にコピー数が増大し、寿命が延長することもわかっています。おそらく、ｒＤＮＡが不安定化することにより、細胞が「老化シグナル」を発するのではないかというのが小林教授らの考えです。

カロリー制限で長寿になる？

これとは別の要因として、「カロリー摂取量」と「寿命」の間に密接な関係があることがわかっています。たとえば、酵母はカロリー（糖分）を制限すると、寿命が延びます。このような現象は酵母に限ったことではなく、猿やマウス、線虫など、幅広い生物種で普遍的に見られます。ヒトでも効果があるのではないか、という報告もあり議論を呼んでいます。

ヒトでカロリー摂取量を数十年間の長期にわたって強制的に制限する実験を行うことは、人道的にも不可能ですので、効果があるかどうか、なかなか決着がつきません。そもそも、長生きするために、仙人や修行僧のようなカロリー制限をするばかりでは、人生も楽しくないでしょうし、健康上の別の影響も考えられます。「腹八分」は重要でしょうが、クオリティ・オブ・ライフ（ＱＯＬ、生活の質）という点では、寿命を延ばすためにカロリー制限をしすぎるのは現実的ではありません。

長寿遺伝子「サーチュイン」とエピジェネティクス

　カロリー制限がなぜ寿命延長につながるのかという理由は、未だに議論が続いていて、確証的なことは言えない段階ですが、先に何度か登場したSir2が重要ではないかと考えられています。

　Sir2は、先に述べたとおり、NADに依存するヒストン・脱アセチル化酵素で（総説[34]など参照）、ヒトでは「サーチュイン」として知られています。Sir2は、ヒストンの脱アセチル化を介して、テロメア領域などのヘテロクロマチンの形成や、遺伝子不活化に関与しています。

　カロリーの元であるブドウ糖を摂取すると、解糖系やクエン酸回路によってNADからNADHが作られます。このNADHは高エネルギー物質で、ATPを作り出すのに利用されます。カロリー摂取量を制限すると、エネルギー代謝経路もスローダウンしますので、NADがNADHに変換されず、NAD+というタイプのものが増えてきます。この物質が多いときにSir2が活性化します。つまり、カロリーを制限するとSir2が活性化するのです。

　Sir2の活性化は、ヒストン・脱アセチル化によりヘテロクロマチンを安定化して、老化関連遺伝子の発現を抑えたりする可能性があります。たとえば、ヒトなどの動物細胞では、インスリン受容体やインスリン様成長因子受容体などのシグナル伝達経路に関わる遺伝子領域で、サーチュインがクロマチンを脱アセチル化し、それら遺伝子の発現を抑制することで、寿命が延長されると考えられています。また、活性化したSir2やサーチュインは、先ほど述べたrDNAの安定性も高めるので、老化シグナルの発生を抑制できるというわけです。

レスベラトロールや赤ワインで本当に寿命は延びるのか?

単純なカロリー制限は、食べる楽しみも制限するので、実際のところ継続するのは困難です。なんとかカロリー制限をせずに、サーチュインを活性化できればしめたものです。そこで、シンクレア教授らが有効性を主張するレスベラトロールが登場してくることになります。メタボ状態になっても、レスベラトロールを摂取して、カロリー制限と同等の効果が得られれば、こんな良いことはありません。レスベラトロールがよく売れるのは、個人的にもよくわかります。

レスベラトロールは葡萄の実の皮の部分にも存在しますので、赤ワインにわずかに含まれています。しかし、ワインに入っている量は一リットルあたり数ミリグラムと微量です。人間がレスベラトロールを摂取して、何らかの効果が出るためには、毎日一〇〇リットル（五〇〇ミリグラム相当）もの赤ワインを飲む必要があります。それこそ「赤ワイン風呂」に入って飲み干す覚悟が必要です。

レスベラトロールの研究で一躍有名になったシンクレア教授は、レスベラトロールの誘導体を医薬品として開発するベンチャーを米国東海岸で設立しました。この会社は二〇〇七年、大手製薬企業に数百億円という金額で買収されるに至りました。

ところが、レスベラトロールがＳｉｒ２やサーチュインを活性化するという結果が、実験的な誤りであることがその後明らかになったのです[35]。サーチュインを介した作用が否定されてしまったため、レスベラトロールがどのようなメカニズムで作用しているのかについては、現在でも議論が続いています。

新たな長寿関連遺伝子——ｍＴＯＲ（エムトル）

長寿遺伝子についても、エピゲノムに関連しそうなＳｉｒ２だけでなく、別のタンパク質も注目されるようになっています。第６章で取り上げた栄養シグナル伝達因子「ｍＴＯＲ（エムトル）」もその一つです。

イースター島の微生物から単離されたラパマイシンという免疫抑制剤が、ｍＴＯＲの働きを阻害することは、すでに記しました。その後二〇〇九年になって、ラパマイシンがマウスの寿命を一〇パーセント以上延長させる効果があったという論文が『ネイチャー』に発表されました[36]。

この実験は生後二〇ヵ月のマウスに対して行われましたが、これは人間に当てはめると六〇歳ぐらいになるそうです。つまり、人間で言い換えると（残念ながらまだ人間で延命効果があるかどうかはわかっていませんが)、六〇歳頃からこの薬を飲んで、さらに一〇歳ほど寿命が延びることに相当します。相当な延命効果があることになります。

この成果は再び一大センセーションとなりました。西海岸シアトルのワシントン大学のマット・キーバーレイン教授とブライアン・ケネディ教授は、かつてガランテ教授の研究室でSir2を研究していましたが、最近はmTORに研究の焦点を移しました。ケネディ教授らは現在、ラパマイシンを長寿薬に利用できないか研究しています。

「不老長寿の薬」は人類の長年の夢でした。そのため、こと長寿に関する研究に対しては、多額のお金が動きます。効果があるとか、ないとか、多数の論文が出てきていて、正直どれが本当かよくわからない状態です。非常に重要な研究分野だと思いますので、科学的で客観的なエビデンスを積み重ねていき、長寿をもたらす物質の開発が成功するように期待したいと思います。

がんとエピジェネティクス

生活習慣病の一つにがんがあります。がんは人体の細胞の一部が反乱を起こして無秩序に増殖し、最終的に人体を死に至らしめる病気です。現在の日本では死亡原因の第一位になっています。統計では、三人に二人が一生のうちにがんに罹患し、その半数が死ぬと言われています。つまり日本人の三人に一人ががんで死亡するということです。

がんは、「がん遺伝子」や「がん抑制遺伝子」の異常により引き起こされます。これらの遺伝子は基本的に正常な細胞でも機能しており、それが何らかの異常を起こすことで、細胞の増殖に歯止めがかからなくなってしまうのです。

がん細胞の中では、DNAの再編成や変異がどんどん増えてきます。これは、正常の細胞に見られる「チェックポイント」と呼ばれる細胞周期の監視機構が、多くのがん細胞で失われてしまっていることに起因します。また、細胞どうしを接着するタンパク質（細胞接着因子）をコードする遺伝子など、通常の組織に発現している遺伝子が発現しなくなり、お互いに接着しにくくなって体中に転移しやすい状態になることもあります。

エピゲノムは、がんの発症とも密接に関連している可能性があります。「細胞周期の調節に関わる因子（p14やp16）」や、「DNA修復酵素（BRCA1など）」、「細胞接着因子（CDH1など）」の遺伝子発現が、DNAメチル化によって抑制され、がんに結びつくからです。

また、さまざまな生活習慣によるエピゲノムの変化ががんに結びつくことが報告されています。たとえば、喫煙によるニコチンの摂取は、DNAメチル化酵素の発現を誘導し、「がん抑制遺伝子」（通常の細胞でがん化を防ぐはたらきをしています）のDNAメチル化を促進してその発現を抑えるのではないか、という報告が出ています。[37]

「ピロリ菌（ヘリコバクター・ピロリ）」が感染した胃の細胞では、異常なDNAメチル化の蓄積が見られることを、国立がん研究センターの牛島俊和博士が明らかにしています。[38] このDNAメチル化は、ピロリ菌の感染によって生じる慢性的な炎症によってもたらされ、がんになりやすい素地を生み出していると考えられています。

エピジェネティクスを作用機序の標的とする抗がん剤

DNAメチル化などのエピゲノム修飾が、がんなどと密接な関連を持つことがわかってくると、エピゲノム修飾調節作用のある化合物が、抗がん剤などに利用されるケースが増えてくるようになりました。たとえば、DNAメチル化酵素の阻害剤に、「5－アザシチジン」という化合物があります。この薬剤をがん細胞などに作用させると、細胞内のDNAメチル化反応が低下することで、間接的にDNAメチル化レベルを下げることができます。

ある種のがん細胞では、5－アザシチジンを作用させることで、がん抑制遺伝子の発現が促され、抗がん作用が現れることがわかってきました。たとえば、造血幹細胞（血液を生み出す前駆的な細胞）のがんである「骨髄異形成症候群（MDS）」に対して、5－アザシチジンは延命効果があることが明らかになりました。このがんは、骨髄で造血幹細胞が異常増殖することで、機能に欠損を有する白血球などが異常増殖します。MDSは治療法が輸血など限られており、治療が難しい病気でした。しかし、5－アザシチジンをMDSの治療薬として利用できるようになっために、（若干ではありますが）延命効果が得られるようになりました。

また、ヒストン・脱アセチル化酵素阻害剤の一部（第5章で説明した「ＳＡＨＡ」や「ＭＳ－２７５」など）が、特定のがんの治療薬に利用されつつあります。このようなエピゲノム調節薬により、従来は治療が困難であったがんでも、近い将来に治療が可能になることが期待されています。

認知機能とエピジェネティクス

認知機能は、人間が環境に適応するために獲得した高度な生命機能の一つです。双子のエピゲノム解析は、病気だけでなく知能などの認知機能の解析にも利用されています。一卵性双生児は認知機能でも高い相関を示すことが知られています。たとえば、一卵性双生児の「知能指数（ＩＱ）」はよく相関します。

そこで、人間の認知機能という複雑系に関わる遺伝子の研究に、双子のゲノムやエピゲノムが用いられています。慶應義塾大学では、一卵性双生児に関する大規模な研究が行われています（「慶應義塾双生児研究」、代表・安藤寿康教授）。そのプロジェクトの一つである神戸大学の戸田達史教授の研究で、ＩＱ値が顕著に異なる一卵性双生児に関して、エピゲノムや遺伝子発現を調べ、認知機能に関わる遺伝子を同定する研究が行われました。その結果、低分子量ＧＴＰ結合タンパク質の一種の発現量や、その遺伝子のプロモーター領域などにおけるDNAメチル化の程度が、双子間で異なることが報告されています。[39]

「記憶」とエピゲノム——ルビンシュタイン・テイビ症候群

もともと、エピジェネティクスは「細胞の記憶」のしくみの一つです。ですから、人間の認知機能において重要な位置を占める「脳における記憶」にも何らかの重要な役割を果たしていると考えられます。

最近、人間の記憶とエピゲノムの関係を示すはっきりした証拠が、一種の遺伝病の研究から得られました。数万人に一人が発症する稀な病気である「ルビンシュタイン・テイビ(Rubinstein-Taybi)症候群」は、平べったい親指などの形態的異常、精神発達障害を伴う遺伝病です。特徴的な症状の一つに、学習・記憶障害があります。この疾患の原因遺伝子が同定されており、その遺伝子がコードしているタンパク質は、「CBP(CREB binding protein)」です。

CBPはヒストン・アセチル化酵素活性の一種で、転写の活性化に関わるCREB(第6章参照)というタンパク質に結合する仲介因子(コアクチベーター、110ページ参照)です。ルビンシュタイン・テイビ症候群の患者さんでは、両親由来のCBP遺伝子の片方だけが欠けていたり、あるいはヒストン・アセチル化酵素活性を担う部分に変異が入ったりしています。

昔の出来事などを長期間記憶する「長期記憶」は、「海馬」と呼ばれる脳内の領域のはたらきを通じて確立されます。具体的には、大脳皮質の神経細胞どうしの信号伝達が長期間継続的に強まることにより、長期記憶が成立します。神経細胞の信号伝達が強化される際に特定の遺伝子が継続的に発現するようになるのですが、そのような遺伝子発現パターンの固定化に、ヒストンのアセチル化などのエピゲノム制御が関係しています。

CBPのノックアウト・マウスは記憶が苦手

ＣＢＰが記憶と関係するのか、マウスを用いた実験で調べた人がいます。マウスはＥＳ細胞を使って、特定の遺伝子だけを削除したり、入れ替えたりすることが可能です。このような技術は、狙ったＤＮＡ配列だけを計画的に取り替える「標的遺伝子組換え（遺伝子ターゲティング）」という技術を用います。一般的には我々のような高等動物細胞では、ＤＮＡを細胞に入れても、広大なゲノムＤＮＡのどこに入るかは制御できません。ＥＳ細胞では比較的この標的組換えの頻度が高いのですが、それでも東京ドームの巨人戦の観客の中から、友達一人を見つけるようなものです。

二〇〇七年にノーベル生理学・医学賞を受賞したマリオ・カペッキ博士は、狙った場所にＤＮＡが入ったときだけ作動する二つの仕掛け（陽性選択用薬剤耐性遺伝子と陰性選択用薬剤耐性遺

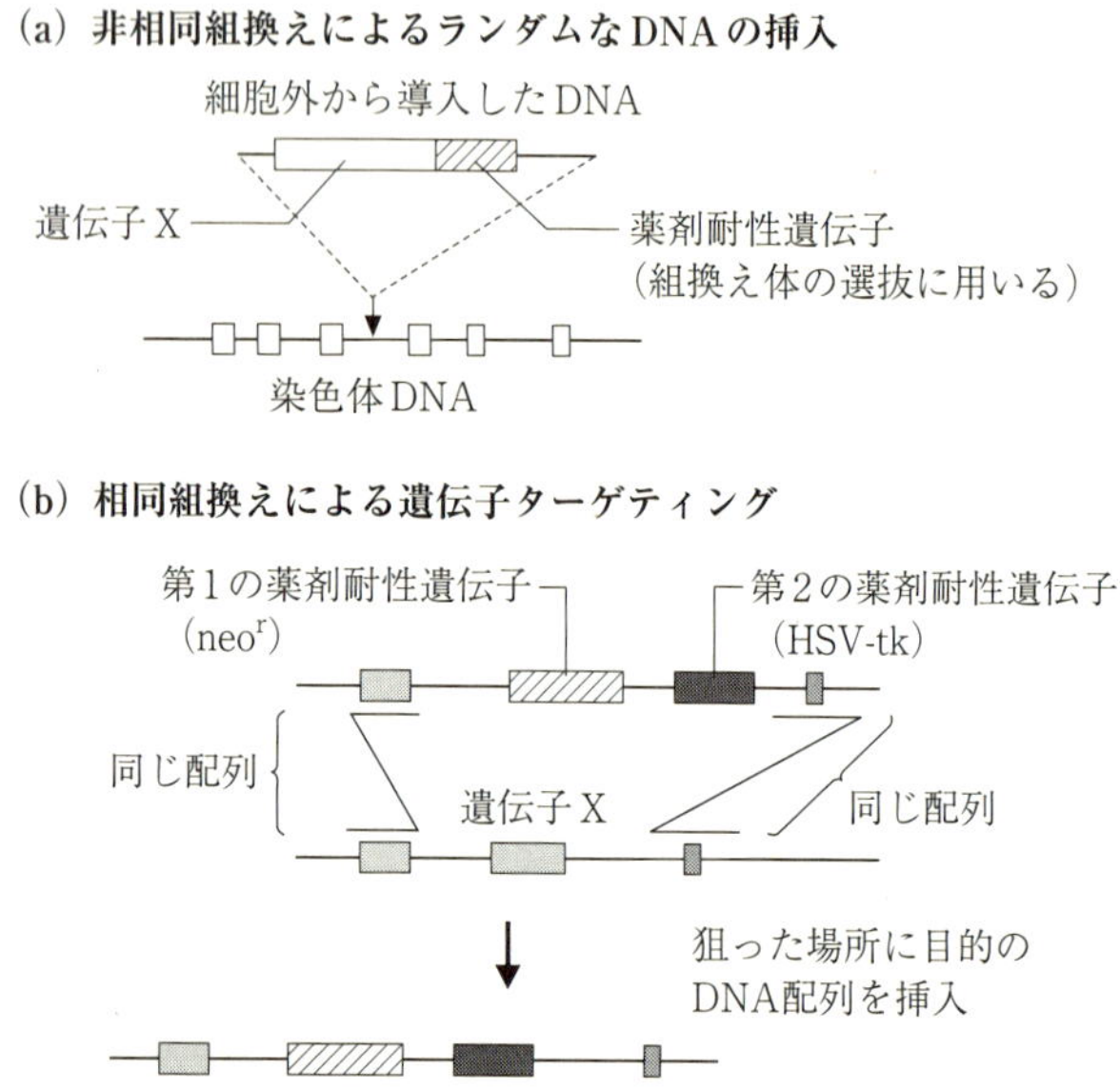

図8—5　標的遺伝子の組換え

伝子)を使って、効率的に標的遺伝子組換えを行うことに成功しました(図8—5)。この仕掛けを使うと、(遺伝子の種類にもよりますが)二〇〜四〇人くらいの学級の中で友達を発見するぐらいの頻度で、狙い通りの組換え体を発見することができます。

この遺伝子ターゲティングで特定の遺伝子を壊してしまうと、その遺伝子の機能だけ欠損させて、生体内の遺伝子の機能を分析することが可能になります。ES細胞を用いていますので、これをマウスの胚に戻すと、一定の確率で遺伝子の壊れた細胞が生殖細胞に分化し、精子や卵になります。これを受精させれば、マウスの体中の細胞で、特定の遺伝子だけを壊れた状態にすることができます。このように特定の遺伝子だけ壊したマウスのことを「ノックアウト・マウス（KOマウス）」といいます（図７―８）。

さて、両親から受け継いだ二つのCBPのうち、半分だけ欠失させたマウスを、遺伝子ターゲティング技術やノックアウト・マウスの技術で作ります。このCBPノックアウト・マウスですが、詳しく調べると、長期増強が低下し、学習の効率も落ちていることがわかりました。つまり、人間のルビンシュタイン・テイビ症候群と同じような症状を示したわけです。

CBPノックアウト・マウスの記憶力を薬剤で回復させる

研究者たちは、ルビンシュタイン・テイビ症候群と似た症状を示すマウスを作製しただけでは満足しませんでした。CBPは先ほど述べたとおり、ヒストン・アセチル化酵素として機能しています。その機能が落ちたわけですから、おそらく記憶に関わる遺伝子の近くでヒストンのアセチル化レベルも低下していると考えられます。ヒストンのアセチル化は遺伝子の活性化に関与していますので、おそらく記憶状態を維持するのに必要な遺伝子が活性化しにくくなっていると考えられます。

そこで、CBPノックアウト・マウスの脳にヒストン・脱アセチル化酵素（HDAC）の阻害剤を添加してみました。ＨＤＡＣを阻害することで、ＣＢＰの機能低下によるヒストンの低アセチル化をある程度打ち消せるのではないかという仮説に基づいた実験です。

この実験から、驚くべき結果が得られました。ＣＢＰノックアウト・マウスの記憶障害が、部分的ですが回復したのです。[40] これは、ルビンシュタイン・テイビ症候群の患者さんには朗報で、ある種の薬を飲むことで症状が緩和できる可能性があるということです。もっとも、副作用と効果のバランスもあるので、まだまだ実用化は先ですが、可能性が示唆されたことは重要です。

「アルジャーノン」は可能か？

ここで、察しの良い方はあることに気づかれたかもしれません。ＨＤＡＣ阻害剤などの、エピゲノム制御薬を服用すれば、記憶効率が良くなるかもしれない、という可能性です。実際、海馬や大脳皮質などにおける「長期増強」は、記憶に必須です。特に海馬は、記憶の成立に重要な役割を果たします。「アルツハイマー病」で影響を受ける領域でもあります。事故や脳卒中で偶然に海馬の機能を失うと、新しいことが長い間記憶できなくなります。

米国ペンシルバニアの病院で、重度のてんかんを持つ小児患者の症状改善を目的として、左右両側の海馬を切除した臨床例があります。手術後、その患者さんはてんかん症状が軽減されたものの、物事を長い時間記憶できなくなってしまいました。この場合、短い時間の記憶は問題がないようです。アルツハイマーの患者さんとよく似た症状です。したがって、将来エピゲノム制御薬で長期増強を補強できれば、記憶力をよくする効果が得られるかもしれません。

米国のダニエル・キイスのSF小説に『アルジャーノンに花束を』があります。脳にある種の手術を施したマウスである「アルジャーノン」が、人間並みの記憶力を持つというエピソードが出てきます。この小説は主人公のチャーリー・ゴードンの日記のような形で書かれています。精神遅滞者であるチャーリーは、「アルジャーノン」の成功に気をよくした博士の勧めにしたがって同じ手術を受け、驚異的な記憶力を手に入れるというストーリーです。

このような手術は架空のものですが、記憶力をよくするだけなら、エピゲノム制御薬に頼ることなく、幼少期の生活環境を整えることで十分という研究もあります。米国タフツ大学のラリー・フェイグ博士らの研究によりますと、幼少期のマウスに好奇心を引くいろいろなおもちゃを与えたり、床敷きを毎日変え、運動をさせたりするなど、「刺激的で健全な毎日」を過ごさせると、長期増強が促進されることを見出しました[41]。

また、ノックアウト・マウスの技術で少し記憶に障害のあるマウスを作ることができますが、同じようによい環境で知的刺激・社会的刺激を与えると、記憶障害がある程度軽減されるようです。このような生活環境は、老化にともなう認知機能低下を防止することにも、有効であると考えられています。

上記のノックアウト・マウスの認知機能改善に関して、興味深い考察がなされています。それは、この影響が次の子孫に継承されるということです。この結果が人間に当てはまるかは不明ですが、もしそうだとすると社会的な影響がありそうです。最後の章でこの点を議論したいと思います。

第9章　世代を超えたエピゲノムの継承

人類社会の階層化

社会の「階層化」や「階級化」は、人間社会では避けられない特質の一つです。欧米諸国などでよく見られますが、庶民の子は庶民になり、指導者層の子は指導者層になるという形で、階層が固定化しています。

欧州のエリート養成システムは相当の歴史があり、現在でも揺るぐことなく存続しています。フランスなどでは、リセ・ルイ＝ル＝グラン（数学者ガロアやポアンカレ、大統領のポンピドゥーやシラクもここの出身です）やリセ・アンリ四世（哲学者サルトルや小説家のモーパッサンが在籍していました）などの中等学校を経て、エコール・ポリテクニークやエコール・ノルマル、ENAなどの「グランゼコール」という少数精鋭のエリート専門職養成学校に至る、「エリート・コース」が存在します。フランスの指導者の卵たちは、このようなエリート・コースを歩む中で、将来のリーダーとして必要な知識やスキルを徹底的に叩き込まれます。

ただし、このようなエリート学校に庶民の子が進学するのは、経済的に親も子も相当の覚悟が必要で、はなから諦めてしまうものです。このように、社会格差や階層化の固定に、教育が与える影響は大変大きいのです。

格差の固定は多様性と持続可能性を減らす

社会階層の固定化はどのような弊害を生むのでしょうか。一つには、社会を構成するメンバーの多様性が失われ、成長の活力が失われていくことがあげられます。格差が限度を超えて拡大化すると、多様性が失われることで、社会の持続可能性が減ってしまうと考えられます。

ある程度才能は遺伝するものであり、子が親の仕事を引き継ぐことは否定できません。歌舞伎のような小さい頃からの修業が必要な世界は、世襲が求められます。ただ、ある分野でいくら親が優秀でも、その子が必ずその分野で優秀であるという保証はありません。また、親の時代には有利であった特質が、子の時代にも有利であるかどうかもわかりません。社会が持続可能であるためには、いろいろな階層から才能を持った多様な人材が流入し続ける必要があります。そのために、階層間に一定の流動性が必要なのです。

以上のような社会学的な立場だけではなく、生物学的な立場からいっても、格差が異常に拡大し、固定化するのは問題があると考えられます。それは、親に与えられた環境影響が、エピゲノムの記憶を通じ世代を超えて継承されていく可能性が指摘されはじめたからです。

獲得形質は遺伝するか

「親の因果が子に報い」は、親が行った悪行によって、罪もない子に災いが生じるという、何とも暗い意味を持つ言葉です。自分は何も悪くないのに、親の行いで不運になるというのは、子にとっては納得のいく話ではないでしょう。このような因果応報とか自業自得などは仏教の用語です。良い行いをすることで幸福が訪れ、逆に悪い行いが不幸を招く、と教えることで、人間を善行に導く教えになっています。

遺伝の研究でも、同じような考え方が過去にありました。「獲得形質の遺伝」という概念です。フランス人のジャン・バティスト・ラマルクが提唱した「用不用説」でこの考え方が登場しました。一つの生物個体がその生涯で姿や性質を変えていき、そこで得られた形質の一部が子孫に受け渡されていくことで、生物が進化していくというものです。キリンの首が長くなったのは、木の上の葉っぱを食べるために首を伸ばしたためで、その性質が子に伝わり、やがて長い首ができてきた、というように考えるわけです。このような考えは、当時の人間には感覚的に非常にわかりやすかったのでしょう。

「環境」と「遺伝」の相互作用

科学の発達した今日では、「獲得形質の遺伝」を信じる研究者はいません。遺伝学的に見れば、子は親のＤＮＡを受け継いでいますので、姿形や病気のなりやすさなどの一部の表現型は引き継ぐことになります。しかし、親の行いによって後天的に獲得した機能や特質（たとえば筋肉トレーニングでついた隆々とした筋肉など）は、子にそのまま伝わることはふつうありません。

このように、「獲得形質の遺伝」という考え方は、すでに過去の遺物になっています。「獲得形質は遺伝しない」という考えは、チャールズ・ダーウィン博士の進化論以降、生物学の常識とされています。

ところが、最近になって環境によって獲得された形質の一部が、エピゲノムの記憶を介して次世代に引き継がれることが少しずつわかってきました。つまり「環境」と「遺伝」は相互作用するのです。

植物によく見られる環境と遺伝の相互作用

植物における環境と遺伝の相互作用の事例をあげてみましょう。たとえば、種子や苗の時期に低温に曝されるかどうかで、個体の花芽の形成が影響を受けることが知られています。また、イモムシに侵食された野生のカブは、防虫作用のある物質を生産し、虫を排除する「トゲ」を作ります。このような植物から種子を取って苗を育てると、そのカブは最初からトゲを生じることが明らかになっています。[42]

これらの形質の遺伝は、DNAの変化を経ているとは考えにくく、おそらくはエピゲノムの変化が子孫に継承されたものと考えられます。実際、オランダのアントン・ピーターズ教授や国立遺伝学研究所の角谷徹仁教授らが、シロイヌナズナの開花時期に関する「変異遺伝子fwa」の一つを調べたところ、その配列は野生型の遺伝子配列と全く同じであり、DNAメチル化パターンの変化、つまりエピゲノムの変化に由来することが示されました。[43]

エピゲノムによる例外的な形質の遺伝

また、トウモロコシなどで見られる「パラミューテーション（paramutation）」も、エピゲノムを介した遺伝の一つです。この現象は、後成的な変化によって生じた形質が、メンデルの法則に従わない形で子孫に受け継がれる現象です。一対の対立遺伝子間において一方の対立遺伝子が、もう片方の対立遺伝子のDNAメチル化に影響を与えることで、メンデルの法則に当てはまらない表現型の分離が起こるのです。

植物の形質に関するエピゲノム制御は、多岐にわたっており、「アサガオの斑入《ふい》り」現象などもその一例です。エピゲノム修飾は、メンデルの遺伝の法則の成立にも重要な役割を果たしていることがあります。植物の対立遺伝子における「優性・劣性形質の発現」に、エピゲノム制御が関与している事例です。奈良先端大の高山誠司教授らは、アブラナ科植物の自家不和合性に関する遺伝子の優劣関係の決定機構を調べたところ、優性遺伝子の近くから合成される小さなRNAが、劣性遺伝子のプロモーター領域のDNAメチル化を誘発し、劣性遺伝子の発現を抑えることを見出しました[44]。

以上のように、植物にはエピジェネティクスに関する興味深い現象が多く観察されます。今後も、動物では見られないような新しい現象が見出されるでしょう。

オランダ飢饉の世代を超えた健康影響

エピジェネティクスでよく話題にのぼるのが、母胎で胎児が成長している際に飢饉にあうと、その子は出生後、心臓病や糖尿病、肥満や、乳ガンになりやすいという報告です。つまり、一人の人間の形質に、環境要因が世代を超えて影響を与えるというのです。これは、その影響の大きさを考えると、かなり衝撃的な内容です。

これらの証拠は、主としてオランダやスウェーデンの「コホート研究」(一定の要因の影響を受けた集団と、そうでない集団について、継続的に疾患のなりやすさを比較解析する疫学調査の手法、要因対照研究とも言われます）から得られています。第二次世界大戦末期における、ドイツによる西オランダ地方への食料封鎖は、著しい飢饉をもたらしました。一九四〇年の「オクスフォード栄養調査報告」によると、当時の成人女性が一日の活動に必要とされる標準的な摂取カロリーは「二五〇〇キロカロリー」でしたが、オランダ飢饉の際は、酷《ひど》い場合で一日「四〇〇キロカロリー」しか摂取できませんでした。

オランダの学者たちは、この異常な飢饉がその後の健康にどのような影響をもたらすかについて、今も継続的に研究を行っています。異常な飢饉状態は、特に、一九四五年一月七日～一二月八日に見られましたので、この時に母親（一日一〇〇〇キロカロリー以下の摂取量）の胎内にいた子が、その後どのような健康状態をたどるのかを追跡調査しているのです。比較対照の集団としては、この前後の栄養状態が通常の時期に母胎にいた子を調べています。

解析の結果、驚くべきことが明らかになりました。母胎で飢饉を経験した子らが成人して中高年になったとき、統合失調症や、肥満、心臓病、糖尿病などのメタボリック症候群になりやすいこと、さらには乳がんにもなりやすいことが明らかになったのです[45・46]。

バーカーの仮説とDOHaD仮説

母胎での栄養状況が、その子の生涯の健康に影響するという現象は、一九八〇年代に英国のデヴィッド・バーカー博士らがイングランドとウェールズで実施したコホート解析でも報告されています。[47] この調査では胎児期に飢餓状態を経験した男児は、出生時に低体重となり、成人すると心臓疾患のリスクが対照群より高いことが明らかになっています。バーカー博士はこれらの研究から、胎児期の栄養環境が成人時の健康に影響を及ぼすという「バーカー仮説」を提唱しました。

バーカーによる仮説は、その後エピゲノムの次世代への継承と結びつけられ「ＤＯＨａＤ(Developmental Origins of Health and Disease) 仮説」へと発展していきます。この仮説は、「胎児期の環境要因が、エピゲノム変化を介して、成人における疾患発生確率に影響する」という学説です。出生時の体重が少ない赤ちゃんが成人し、過剰な栄養を摂取すると心臓病やⅡ型糖尿病の発症リスクが高くなることが知られています。胎児期に栄養が不足していると、飢餓に対応するための遺伝子が活性化し、これが記憶されます。これにより、成人になった際、同じカロリーを摂取しても、通常の人間より効率的に利用することができるようになります。飢餓のときは良いのですが、現在のように飽食の時代になると、このような飢餓に対抗する遺伝子がアダとなるというわけです。

胎児プログラミング

今時の日本では、飢餓などの影響はあまり問題にならないと考える方もいるかもしれません。しかし、我が国の女性はかなり強度のダイエットをしており、諸外国に比べても若年層の女性のBMI（ボディ・マス・インデックス）は、かなり低い値になっています。ダイエットのやり過ぎで、痩せすぎの妊婦さんが多いとのことです。そのためか、厚生労働省の乳幼児身体発育調査（一〇年ごとに実施）では、出生時平均体重がピーク時の一九八〇年頃には男児三二三〇グラム、女児三一六〇グラムだったものが、二〇〇〇年にはそれぞれ三〇四〇グラムと二九六〇グラムまで減っています。さらには、出生体重が二五〇〇グラム未満の低出生体重児の割合も、一九九三年には六・八パーセントだったものが、二〇〇六年には九・六パーセントに増えています。したがって、飢饉のオランダと同じようなことが、現在の日本で起こっている可能性は十分考えられます。

胎児期の低栄養だけでなく、種々の化学物質などの胎児への作用もエピゲノム変化をもたらし、その一部の効果が成人期、ひいては次世代の健康に影響を及ぼすことも考えられます。実験動物では、この仮説を支持するデータがかなり得られてきています。たとえば、胎児期にメチル水銀に曝《さら》されたマウスは、脳由来神経栄養因子（BDNF）遺伝子の転写制御領域でDNAメチル化が増加し、これにより臆病な行動が増加したという報告があります。

もう一つの有名な例としては、マイケル・スキナー教授らのグループによる、果物や野菜の防かび剤として利用される「ビンクロゾリン」の生殖影響を調べた研究があります。[48] 胎児期にビンクロゾリンの作用を受けたラットは、精巣の分化異常により精子数が減少したり、腫瘍の発生頻度が高くなったりします。驚くべきことに、その後のビンクロゾリン処理がなくても、少なくとも四世代目までその影響が継続します。スキナー教授らはこの変化と相関するDNAメチル化変異を解析し、一五個程度の遺伝子が関与するのではないかと推察しています。この場合も、環境の影響がエピゲノムの遺伝を通じて、世代を超えて継承されていると考えられます。

このような現象が起こる理由として、「胎児プログラミング」という考え方が提唱されています。母胎での成長期に栄養飢餓や化学物質の曝露を受けることで、胎児のエピゲノムに影響が生じ、出生後もこれが記憶されて成人や次の世代になっても継続するという考えです。

「おばあちゃん効果」

胎児期における飢餓の影響については、オランダのコホート研究でさらに驚嘆すべき事実が判明しました。胎児期に飢饉の影響を受けた子らのうち、女性については、孫の世代で出生児の身長が低く、肥満度が高くなるというのです。一方で、母胎で飢饉を経験した男児が成長して父になった場合、孫にこのような影響はほとんど見られませんでした。つまり、「おばあちゃん」が経験した栄養飢餓が、孫の世代まで影響を及ぼすということです。このような効果のことを「おばあちゃん効果」または「祖母効果」と言います。

なお、調査当時これらの孫の世代は平均三二歳に過ぎず、成人病になりやすいかどうかは決着がついていません。しかし、おばあちゃん効果による疾患リスクの増大は、人間に比較的近いマウスでは実験的に確認されています。マウスは世代期間が短いので、孫の世代でもメタボリック症候群になりやすいことがわかっています。

これらの研究成果が社会に与える影響は絶大です。親がどのような生活をしたかで、子の人生に影響が及ぶというのが、科学的な根拠を持って語られる時代になってきたわけです。私たちが今をどう生きるかが、もしかすると人類の将来を決定するかもしれないわけです。真に科学的かつ慎重にこの手の研究を進め、取り返しのつかないミスを犯さないよう、対策を考えていく必要があります。

育児放棄の連鎖

世代を超えた環境影響の継承という点では、「社会的遺伝」とも言うべき事例がさらに重要な意味を持ちます。

哺乳類は、子を一定期間母胎内で成育させ、出産後も子に哺乳し、ある程度成長するまで「育児」するという特徴があります。無脊椎動物は子育てを全く行いませんが、鳥類などではかなり熱心に子育てをします。ただし、哺乳類ほどではありません。子育ては、次世代の個体の生存率を高めることで、種の保存をはかる意義があると考えられます。

このような育児行動・教育行動は、哺乳類が「社会」を構築する上で、きわめて重要なはたらきをしていると考えられます。人間のように高度な社会性を持つ哺乳類では、子育てはさらに重要な意義を持ちます。子に教育を授けることで、DNAに記述された本能を超越して、社会や文化の発展や成熟を生み出すことが可能になるのです。

子育てに問題が生じると、その影響が子の気質に及ぶことが知られています。たとえば、自分の子をきちんと育てない「育児放棄」の母親の子や、親からの虐待にあった子は、成長して自分が子を持った時に、同じような行動に出る傾向があるようです。

同様の現象がマウスでも見られます。マウスは子が生まれると、せっせと子をなめて世話します。ところが、母マウスの中に、この保育行動が苦手な個体がいることがわかりました。このような子育てが苦手な母マウスに育てられたマウスは、成体になると同じように子の世話をしません。人間と同じような、「育児放棄の連鎖」がマウスでも見られるのです。

脳内ホルモン受容体遺伝子のエピゲノムが育児放棄連鎖と関係

このような育児放棄の連鎖は、どのようなメカニズムで起こるのでしょうか。せっせと子育てする母親に育てられた子マウスは、精神が安定し、セロトニンという脳内の情報伝達物質の量が増大します。

セロトニンが増えると、神経成長因子誘導タンパク質Ａ（ＮＧＦＩ－Ａ）の発現量が増大します。このタンパク質が多く発現すると、脳内の糖質コルチコイド（ＧＲ）受容体遺伝子のプロモーター部分でＤＮＡメチル化が低下し、逆にヒストンのアセチル化が昂進します。その結果、糖質コルチコイド受容体の発現量が増大します。

糖質コルチコイドは、副腎から分泌されるステロイドホルモンで、糖新生を誘発したり、精神の安定化を行ったりします。一種のストレスホルモンであり、これが作用するとストレスに対する抵抗性が出てきます。いっぽう、育児放棄された子マウスでは、セロトニンの濃度も相対的に低く、糖質コルチコイド受容体の発現は限定的です。そのため、ストレスに弱く、子の面倒も見ないような性格になります。

セロトニンは脳内の神経伝達物質であり、生活リズムや睡眠、精神の安定、情動のコントロールに重要な役割を果たしています。セロトニンが多く存在すると、人間は満ち足りた気分になり、精神が安定します。足りなくなると、感情のコントロールが難しくなり、不安定な精神状態になります。「癒しの脳内物質」というところでしょうか。

気質の「社会的遺伝」

「恐がり気質」の子孫への継承の例もあります。CREB／ATF転写因子（第6章で説明）の仲間である「ATF7」の遺伝子をノックアウトしたマウスは、恐がりの性質になり、人間で言うところの鬱病に似た精神の不安定症状を示すことが報告されています。何度か説明していますが、この種の転写因子は、その結合部位にヒストンやDNAの修飾酵素を呼び込むことができます。ATF7は、結合部位の近くの遺伝子発現を活性化したり、逆に抑制したりします。つまり、ATF7は正負の両方の制御ができます。

「セロトニン受容体遺伝子」は恐がり気質と密接な関連があります。セロトニン受容体というのは、脳内の神経細胞表面に露出してセロトニンと特異的に結合し、その作用を細胞内に伝達する膜タンパク質です。ATF7はセロトニン受容体遺伝子のプロモーター領域に結合し、ヘテロクロマチンを作ってその遺伝子発現を抑えます。そのため、ATF7をノックアウトしたマウスでは、セロトニン受容体が過剰に発現し、細胞膜上に大量に露出することになります。これによって、セロトニンを結合していない受容体の割合が増え、見かけ上セロトニンが不足したような状態となり、鬱のような症状が出ると考えられます。

ストレスと気質の遺伝

理化学研究所の石井俊輔主任研究員（当時）らのグループは、野生型のマウスを独りぼっちで飼育して「孤独のストレス」を与えると、ＡＴＦ７の機能が抑制されることを見出しました。その結果として、ＡＴＦ７ノックアウト・マウスと同様に、孤独に育ったマウスに鬱に似た症状が出ることがわかりました[49]。

以上の通り、マウスでは子の段階でどのような育てられ方をしたかで、成体時の気質に影響が及ぶことになります。これは言い換えると、養育や教育などの社会的影響が、個体のエピゲノムの変化を介して、子々孫々まで継続する可能性があるということを意味します。

現代はさまざまなストレスが加わる社会構造になっています。これにより、親世代のストレスが、子の人生にも影響を及ぼしている可能性があります。このような状況が、昨今の育児放棄の増加や、児童虐待の連鎖などに結びついているとしたら、大変憂慮すべき状況であると考えられます。加えて、社会的遺伝という生物学的現象が、社会の階層化や格差の固定化や拡大に、人知れず貢献している可能性も捨てきれません。

「社会的遺伝」による階層の固定化は克服できるか

上記のように、個体間の相互作用による社会の形成といった高次なレベルにおいても、エピゲノムの変化が大きな影響を与える可能性があります。現代のストレスは減るどころか増える一方です。また、所得階層の固定などにより、一部の世帯では十分な教育を与えられない可能性が出てきています。これらの状況では、「社会的遺伝」が悪い方向に循環してしまう可能性がありま す。この悪循環を断ち切る方法はあるのでしょうか。

第一に、このような世代を超えた環境影響の実態を、科学者が客観的に分析し、真実を明らかにしていくことです。そして、このようなしくみが人間の社会にとって重要な意味を持つことを、もっと多くの方々に知ってもらうことです。人類は、これまでにも、病原体や化学物質などの未知の危険を科学的な研究で解明し、多くの疾患の発生頻度を低減させることに成功していま す。ですから、そこにあるリスクを、まず「知る」ことが大切であると思います。

第二は、すでに育児放棄などの環境影響を受けた子らに、どのような善後策が可能か考えていくことです。幸い人間の精神の成熟は、他の動物に比べて非常に長い時間がかかります。また、エピジェネティクスの制御が「可逆的」で元の状態に戻すことが可能であることにも、希望の光が見えます。したがって、幼少期の影響を、第三者による教育や保護などにより、時間をかけて軽減していくことは十分可能であると考えられます。政府が親の収入などにかかわらず、均等な教育機会を提供する政策を実現することが重要でしょう。そのため、教育に競争的な営利企業と同様な過度な経済原理を持ち込むのは適切ではないと考えられます。

第三の可能性ですが、あまりにも酷いケースでは、将来的にエピゲノム制御薬の一時的利用を考える必要があるかもしれません。しかし、これは他の部分への影響があることも十分考えられます。副作用を十分考察してから実施すべき対策です。

四番目の対策ですが、そもそも一人一人の人間が、もう少しストレスのない生活を享受できるように、価値観の転換や、社会体制の改善をはかるべきだと思います。競争がなくなってしまうと、確かに生きる活力が失われかねません。しかし、昨今のような世界的に過度の競争社会で何事も効率一辺倒に社会が傾くことは、長い目で見ると人類の未来を脅かすことになりかねません。人類も、少し余裕のある生活を生き残りの戦略として考えていくべき時期に来ているように思います。

外来DNAの侵入に対するクロマチンという鎧

これまで、生物が獲得した第二の遺伝情報とも言うべき「エピゲノム」の実体を見てきました。生物が多細胞のシステムを営み、常に変化する環境に適応するために、多様な遺伝子発現パターンを細胞単位で記憶する必要性が生じました。生物はDNAに「クロマチン」という衣を纏い、状況に合わせて変装することで遺伝子の使い方を記憶し、上記の要件を満たす手段を見出したのです。

このような細胞の「イノベーション」は、おそらくは外部からゲノムDNAに侵入してくる外来DNAとの対峙の中で生まれてきたと考えられます。その証拠の一つとして、侵入者のDNAの代表格であるトランスポゾンの不活性化に、エピゲノム修飾が利用されるということがあげられます。

私たちの酵母を用いた研究で、染色体DNAに外部から大腸菌のプラスミドDNAを挿入すると、挿入部分でクロマチン構造に大きな影響が生じることがわかりました。興味深いことに、挿入された外来DNAと宿主のDNAの境界領域では、ヌクレオソームが排除され、DNAが露出した状況が生み出されるケースが多く見られます。

このような実態を見ますと、クロマチン構造は単に遺伝子発現を制御しているだけではなく、ゲノムDNAに外部からDNAが入り込むことを監視している可能性があります。外部DNAが侵入したことにより、その部位で異常なクロマチン構造が生じると、種々のエピゲノム修飾が局所的に誘発されて遺伝子発現が不活性になったり、減数分裂期にDNA組換えが生じて変異が生じ、侵入DNAの機能を阻害したりすることが可能になります。いわば、トランスポゾンなどの利己的なふるまいをする外来DNAが染色体へと侵入し、ゲノムDNAを乗っ取ってしまわないように、クロマチン構造がバリアーや免疫機構のように作用していると考えられます。東京大学の小林一三教授は、このようなクロマチン構造の役割に関して、「クロマチンパトロール」というモデルを提唱しています。

生物の多元性を保証するエピゲノム制御

クロマチン構造やエピゲノム修飾は、このような「防衛的な役割」を果たすだけに留まりません。エピゲノムによって、同じゲノムDNAの利用パターン数を格段に増大させることができます。これにより、多様な遺伝子発現パターン、ひいては表現型の多様性を生み出すことが可能になりました。それと同時に、環境変化にしなやかに適応する柔軟性や可塑性を獲得することにもつながりました。このようなエピゲノムの特質は、いずれも生物の多元性を保証し、ひいては生存可能性を高めるはたらきをもたらしたと考えられます。

エピゲノムの起源

エピゲノム修飾の起源も大変興味深い問題です。基本的に原核生物にはヒストンそのものはありません（HUなどのそれに似たタンパク質は存在します）。古細菌に一部構造が似たタンパク質がありますが、これがヒストンの起源かどうかはまだ良くわかっていません。DNAメチル化は、酵母などの単純な真核生物には存在せず、菌類あたりから登場してきます。原核生物などには制限酵素の切断からゲノムDNAを守るDNAメチル化酵素がありますが、これらは真核生物のDNAメチル化酵素とは少し違うようです。このように見てきますと、エピゲノム修飾系が真核生物とともに現れてきたと考えるのが自然です。

エピゲノムのシステムは、動物と植物で少々異なる形で運用されています。植物は基本的に育った場所から動くことができません。その場で与えられた環境変化に可能な限り従っていくことが必要です。そのために、分化全能性とエピゲノムの特質を組み合わせ、どこからでも再生可能な強靱な生命力を獲得してきたのでしょう。

動物では、植物とは異なり、分化に伴い細胞の分化全能性は失われていきます。逆に、移動のための運動器官や、闘争のための武器などが発達してきました。おそらくこれらの組織の複雑化にエピゲノムが利用されてきたのでしょう。すでに述べたミツバチの例などでは、同じＤＮＡを持つ幼虫が異なる餌を摂取することで、女王蜂や働き蜂という異なる機能を持つ個体に分化し、社会分業（カースト化）が生じます。

複層的な生命情報の記憶

エピゲノムはＤＮＡによる生命情報の上の階層に、新たな記憶手段を上乗せするものであると述べました。生命情報はこのように漆塗りのように多層的な記憶システムを獲得してきたと言えます。最たる例は、人間の脳ではないでしょうか。エピゲノムで実現される細胞レベルの記憶を、さらに細胞間でネットワーク化することで、高度な記憶や認知機能を獲得してきました。人間は、さらに言語や外部記憶装置、コンピューターやネットワークを生み出すことで、高度でダイナミックな情報制御システムを構築するまでになりました。

いずれにおいても、生物はＤＮＡだけでは獲得できなかった生命情報の多元的利用を、エピゲノムという第二の情報装置によって実現してきたわけです。しかし、エピゲノムの変化によって疾患が生じたりする可能性も生まれました。また、エピゲノム修飾の大半が生殖細胞で消去されるものの、一部は世代を超えて伝わるという問題点が生まれました。これにより、育児放棄の連鎖、社会階層の固定化など、負の側面が生じる可能性も出てきたことになります。皮肉なことに人間の場合、この負の側面は結果として「多元性を拡大して生き残りをはかる」というエピゲノムの本来的役割と相容れない帰結をもたらしかねません。

　この負の側面を克服していくためには、何度も述べたとおり、人類の叡智によってゲノムやエピゲノムの真実の姿を明らかにしていくことが大事です。得られた知見から、持続可能な社会システムの構築に重要な示唆を与えられることを期待します。

　最後に、本書によって、少しでも多くの方にエピジェネティクスに関心を抱いて頂き、この分野の研究者たちを応援して頂ければ幸いです。

あとがき

科学は、自然界の成り立ち、究極的には自分や人間とは何かを知ることを目的としています。「我々はどこから来たのか、我々は何者か、そしてどこに行くのか」という究極の質問に答えていく、自然科学に限らず、学問とはこのような飽くなき真理や自己の探究が動機となっているものです。この動機は、人間が根源的に持っている探究心・好奇心に基盤を置くもので、人間が人間として存立するための大切な特質です。これを失えば、将来人類は滅びていくでしょう。

一方で、昨今の学生の動向を鑑みると、この学問の本質とは若干異なる傾向が顕在化しつつあることがわかります。よく言えば「実学重視」や「応用重視」という傾向、悪く言えば「アカデミズムに対する敬意が少ない」ということを感じています。もっとも、これは学生に限ったことではなくて、世間一般の関心がそういう状況になっているからでしょう。

そのためでしょうか、科学者はよく、「その仕事は何の役に立ちますか」という質問を受けます。私は生命科学の研究をしていますので、「がんの薬になります」とか、「病気の原因解明や治療に結びつきます」と答えて、納得してもらうことがしばしばあります。しかし、これをもっと根源的な回答、たとえば「生命の本質が理解できます」などと答えると、なかなか満足してもらえません。難しい基礎的な研究成果が一般の方に評価されるには、ノーベル賞を取るなど、権威のある賞を取ることが必要なようです。

研究者の仕事は、ほとんどの人が当たり前だと思っていることに対して、疑問を持つことから始まります。この疑問が普遍的で根源的であればあるほど、やりがいがあるのです。そのような疑問には、ファラデーが感じた電気と磁気の関係や、アインシュタインの考えた光や時空の本質などがあります。それらの疑問が最初に解けたときは、それが何の役に立つか、たいていの場合わかりません。しかし、ファラデーの研究がもたらした電磁気学が最終的に現在の電化社会を生み出したように、基礎研究は一〇年とか二〇年の長い時間が経てば、確実に世の中を変える力を持っているのです。

一方で、研究者が研究するには資金が必要です。多くの場合、成果をあげるために国民の血税を使っています。そのため、得られた成果が皆さんの実生活にどのように関連しているか、できるだけわかりやすく説明する義務もあるのです。そのために、現在の研究者は、研究成果を一般向けに公開するため、プレスリリースを作成するなど、大変な努力をしています。しかし、残念なことによい研究成果が大きく取り上げられることはまれです。大きな記事になるのは、研究費を不正に利用したり、データを捏造《ねつぞう》したりした研究者のスキャンダル話がもっぱらです。これでは、税金を納めている人は怒ってしまいます。

大切な研究資金を提供していただいている方々に、肝心な情報が届かない状況は、研究者としても忸怩《じくじ》たる思いがあります。そういう意味で、今回のブルーバックスでは、メディアであまり紹介されない成果について、できるだけ取り上げたつもりです。

思い返しますと、私たちが少年の頃は、科学技術全盛時代だった気がします。象徴的な出来事として、アポロが月への有人飛行に成功しました。大阪では万国博覧会が開かれ、科学技術の発展によるバラ色の未来が示されていました。科学が好きな子供たちも多く、付録のついた科学雑誌や、いろいろな科学ニュースに心ときめかせていた時代です。

私の小学生の頃に読んでいたブルーバックスの本は、もう絶版になったものも多いでしょう。筆者は、社会性はともかく、科学や文化に関する知識欲では「ませた」子供だったので、相対性理論や、素粒子、宇宙論など、とにかく難しい本ばかり背伸びして読んでいた記憶があります。

当時に比べますと、今は日本の将来に希望を持つ人が少なくなり、若い人もかなり保守的な感じになってしまいました。科学研究に対しても、夢や希望を語るというより、その弊害や問題が注目を集めてしまいます。科学者になりたいという気持ちを持った子供たちも、昔に比べると減ってしまったのではないでしょうか。

かつて読んでいたブルーバックスのことを思い出すと、当時は一線級の先生たちが子供たちのために、かなり難しいことを紹介していたものだと感じます。今は子供が本を読まない時代らしく、難しいことを避ける傾向もあって、そういう硬派な本が少なくなってしまった気がします。

その分野の専門家による一般向けの解説という点では、ファラデーの話を是非しておきたいと思います。一九世紀イギリスを代表する物理学者ファラデーは、貧しい家の出であり、まともな教育をほとんど受けていませんでした。彼は製本屋の見習いとして働きながら、家計を支えなければなりませんでした。当時のイギリスは産業革命の時代で、急速に発展する工業の世界で少年が過酷な労働に駆り出されていました。そんな庶民の出だったわけです。

そのような中で、ファラデーは独学でいろいろな勉強をしました。ファラデーが関心を持ったのは、死んだカエルの足に電気を通すと痙攣を起こすことを示したカルバーニの実験など、「電気」や「化学」についての研究でした。王立研究所で行われたデービーの公開講座をノートに取り、それをデービーに送って認めてもらい、やっとのことで安月給の助手になることができました。

当初は消石灰や合金などの研究をしていましたが、同時期のエルステッドやアンペールなどの成果に刺激され、電磁気学に対する関心が高まっていったのです。そして、電気と磁気の関係を明らかにしていきました。

ファラデーが確立した電磁気学は、現在の電気モーターや発電機、コンピューターなどに必須の半導体など、あらゆるものに利用されており、私たちの生活に不可欠です。ところが、当時ファラデーの研究を聞いた政治家は、「磁石で電気を作るなど、何の役に立つのですか」と質問したそうです（今も状況は変わっていない気がします）。

ファラデーの研究が認められ、一八二四年に彼は王立協会のメンバーに選ばれました。そして、クリスマス講演や金曜講座など、有名な彼の一般向け講演が始まります。その一例として今でも出版されているのが『ロウソクの科学』（角川文庫）です。ファラデーの講座を聴いて、多くの研究者が育ちました。

ファラデーが子供たちや一般の方々に科学研究のおもしろさを熱心に伝えたその動機は、若い頃デービーの公開講座を聴き、その時点《とも》された心の灯火《ともしび》が、彼の科学者としての一生を導いたからではないかと思います。そのような活動は今の時代でも必要とされています。本書がどのような若者（もちろん何歳でも夢を持っていれば若者です）に読まれるかはわかりませんが、それらの方々の心に小さな灯火を点すことができれば大きな喜びです。

最後に、本書の企画や編集で多大なお力添えを頂いた講談社の小澤久氏、本文の内容を査読して頂いた今城真理氏、高野晴音氏、山田貴富博士、中山潤一准教授に深く感謝申し上げます。

26. Kim et al., *J. Nutr. Biochem.* 20: 917, 2009
27. Neil J.V., *Am J. Hum. Genet.* 14: 353, 1962
28. Fujiki K. et al., *BMC Biology* 7: 38, 2009
29. Howitz K.T. et al., *Nature* 425: 191, 2003
30. Baur J.A. et al., *Nature* 444: 337, 2006
31. Pearson K.J. et al., *Cell Metabolism* 8: 157, 2008
32. Kobayashi T. et al., *Cell* 117: 441, 2004
33. Guarente L. and Picard F., *Cell* 120: 473, 2005
34. Pacholec M. et al., *J. Biol. Chem.* 285: 8340, 2010
35. Harrison D.E. et al., *Nature* 460: 392, 2009
36. Lin R.K. et al., *J. Clin. Invest* 120: 521, 2010
37. Nakajima T. et al., *Int. J. Cancer* 124: 905, 2009
38. Yu C.C. et al., *PLoS One* 7: e47081, 2012
39. Alarcón J.M. et al., *Neuron* 42: 947, 2004
40. Arai J.A. et al., *J. Neuroscience* 29: 1496-1502, 2009
41. Agrawal A.A. et al., *Nature* 401: 60-63, 1999
42. Soppe W.J. et al., *Mol. Cell* 6: 791-802, 2000
43. Tarutani Y. et al., *Nature* 466: 983-986, 2010
44. Ravelli A.C.J. et al., *Lancet* 351: 173-177, 1998
45. Painter R.C. et al., *Am. J. Hum. Biol.* 18: 853-856, 2006
46. Barker D.J. and Osmond C., *Lancet* 8489: 1077-1081, 1986
47. Anway M.D. et al., *Science* 308: 1466-1469, 2005
48. Maekawa T. et al., *EMBO J.* 29: 184, 2010

入門のための参考書籍

1.『エピジェネティクス入門』佐々木裕之　岩波書店、2005
2.『やわらかな遺伝子』マット・リドレー　中村桂子・斉藤隆央訳　紀伊國屋書店、2004
3.『エピジェネティクス　操られる遺伝子』リチャード・C・フランシス　野中香方子訳　ダイヤモンド社、2011
4.『DNAを操る分子たち』武村政春　技術評論社、2012
5.『自己変革するDNA』太田邦史　みすず書房、2011

参考文献

1. 『服装で楽しむ源氏物語』近藤富枝　PHP研究所、2002
2. 『光源氏になってはいけない』助川幸逸郎　プレジデント社、2011
3. Hamilton A.S. and MacK T.M. *New Eng. J. of Med.* 348: 2313, 2003
4. Fraga M.F. et al., *Proc. Natl Acad. Sci. USA* 102: 10604, 2005
5. Wong A.H. et al. *Human Mol. Genet.* 14: R11, 2005
6. Gervin K. et al., *PLoS Genetics* 8: e1002454, 2012
7. Zykov V. et al., *Nature* 435: 163, 2005
8. Kurihara K. et al., *Nature Chemistry* 3: 775, 2011
9. Sturtevant A.H., “A History of Genetics”, 2001
10. 『DNA』（上下）ジェームス・D・ワトソン，アンドリュー・ベリー　青木薫訳　ブルーバックス、2005
11. The ENCODE Project Consortium, *Nature* 489: 57-74, 2012
12. Pray L. and Zhaurova K., *Nature Education* 1, 2008
13. Keller E.F., “A Feeling for the Organism.” W.H.Freeman, New York, 1983
14. McClintock B., *Carnegie Institution of Washington Year Book* 50: 174, 1951
15. Kloc A. and Martienssen R., *Trends in Genetics* 24: 511, 2008
16. Luger K. et al., *Nature*, 389: 251, 1997
17. 元山純、竹内隆「蛋白質核酸酵素」40: 2152, 1995
18. Hayashi Y. et al., *Genes Cells* 14: 789-806, 2009
19. Harrison D.E. et al., *Nature* 460: 392, 2009
20. Hirota K. et al., *Nature* 456: 130-134, 2008
21. Waddington C.H., “The Strategy of the Genes”. George Allen and Unwin, London, 1957
22. Takahasi K. and Yamanaka S., *Cell* 126: 663, 2006
23. Gotoh H. et al., *PLoS One* 6: e21139, 2011
24. Waterland R.A. and Jirtle R.L., *Mol. Cell. Biol.* 23: 5293, 2003
25. Cropley J.E. et al., *Proc. Natl. Acad. Sci. U.S.A.* 103: 17308, 2006

〈や行〉

〈ら行〉

〈わ行〉

〈は行〉

〈ま行〉

〈た行〉

〈な行〉

〈さ行〉

〈か行〉

〈あ行〉

さくいん

〈数字・欧文〉

N.D.C.467　278p　18cm

ブルーバックス　B-1829

エピゲノムと生命《せいめい》

DNAだけでない「遺伝」のしくみ

2013年 8 月20日　第 1 刷発行

著者　太《おお》田《た》邦史《くにひろ》

発行者　鈴木　哲

発行所　株式会社講談社

〒112-8001 東京都文京区音羽2-12-21

電話　出版部　03-5395-3524

販売部　03-5395-5817

業務部　03-5395-3615

印刷所　(本文印刷) 慶昌堂印刷株式会社

(カバー表紙印刷) 信毎書籍印刷株式会社

製本所　株式会社国宝社

定価はカバーに表示してあります。

ISBN978−4−06−257829−5

発刊のことば

科学をあなたのポケットに

二十世紀最大の特色は、それが科学時代であるということです。科学は日に日に進歩を続け、止まるところを知りません。ひと昔前の夢物語もどんどん現実化しており、今やわれわれの生活のすべてが、科学によってゆり動かされているといっても過言ではないでしょう。

そのような背景を考えれば、学者や学生はもちろん、産業人も、セールスマンも、ジャーナリストも、家庭の主婦も、みんなが科学を知らなければ、時代の流れに逆らうことになるでしょう。

ブルーバックス発刊の意義と必然性はそこにあります。このシリーズは、読む人に科学的に物を考える習慣と、科学的に物を見る目を養っていただくことを最大の目標にしています。そのためには、単に原理や法則の解説に終始するのではなくて、政治や経済など、社会科学や人文科学にも関連させて、広い視野から問題を追究していきます。科学はむずかしいという先入観を改める表現と構成、それも類書にないブルーバックスの特色であると信じます。

一九六三年九月

野間省一